U0171067

実践的CMOSアナログ/RF回路の設計法
三木拓司　道正志郎　科学情報出版株式会社　2020

著者简介

三木拓司

神户大学研究生院科学技术革新研究科特任准教授。1981年生于京都府。2006年就职于松下电器产业株式会社（现Panasonic株式会社），隶属于总公司R&D部门战略半导体开发中心。参与数字辅助AD转换器等CMOS模拟电路的研究开发，设计开发电视、录音机、超声波/脑电波传感器、毫米波无线电等各种机器的系统LSI。2017年获得神户大学大学院系统情报学研究科博士学位（工学）。同年离开Panasonic，从事现有工作。专业涵盖AD转换器、传感器模拟前端电路和硬件安全。

道正志郎

东京工业大学科学技术创成院特任教授。株式会社SYNCOM的模拟电路专家。1964年生于富山县。1989年完成东京工业大学电子物理工学科修士课程，入职松下电器产业株式会社（现Panasonic株式会社）。隶属于半导体研究中心，师从于松泽昭（日本AD转换器设计第一人）。始终负责CMOS模拟电路开发技术和多种模拟电路及系统LSI的开发。2005年获得东京工业大学博士学位（工学）。2015年离开Panasonic后任东京工业大学益研究室特任教授，2018年起从事现有工作。专业涵盖锁相环电路设计、AD转换器设计和CMOS模拟电路技术。

实用 CMOS 模拟电路/RF 电路设计

〔日〕三木拓司　道正志郎　著
蒋　萌　译

科 学 出 版 社
北 京

图字：01-2022-3229号

内 容 简 介

本书列举了诸多真实产品的电路设计案例，内容包括模拟滤波器的设计方法、低噪声放大器的设计方法、混频器的设计方法、基准电路的设计方法、锁相环的设计方法、逐次比较型AD转换器的设计方法、ΔΣ型AD转换器的设计方法等。书中使用大量图表详尽介绍实际设计时的关键思路、方法和注意事项，读者可以在有限的开发时间内掌握所需技能和实战经验。

本书可供CMOS模拟电路/RF电路设计相关领域的研究人员和工程技术人员参考，也可作为高等院校电子信息类本科生和研究生教材。

图书在版编目（CIP）数据

实用CMOS模拟电路/RF电路设计/(日) 三木拓司,(日)道正志郎著；蒋萌译.—北京：科学出版社，2022.9

ISBN 978-7-03-072759-6

Ⅰ.①实… Ⅱ.①三… ②道… ③蒋… Ⅲ.①CMOS电路—模拟电路—电路设计 Ⅳ.①TN432

中国版本图书馆CIP数据核字（2022）第129763号

责任编辑：杨 凯 / 责任制作：魏 谨
责任印制：师艳茹 / 封面设计：张 凌
北京东方科龙图文有限公司 制作
http：//www.okbook.com.cn

科 学 出 版 社 出版
北京东黄城根北街16号
邮政编码：100717
http：//www.sciencep.com
三河市春园印刷有限公司 印刷
科学出版社发行各地新华书店经销

*

2022年9月第 一 版 开本：787×1092 1/16
2022年9月第一次印刷 印张：11
字数：209 000

定价：58.00元
（如有印装质量问题，我社负责调换）

前 言

电子设备的发展丰富了人们的生活，尤其是无线通信设备和传感器设备的高性能化、小型化、低功耗化，不仅使便携式设备得到普及，还开创了各种设备通过网络互连的物联网（Internet of Things，IoT）时代。为了使无线通信和传感器设备发挥其性能，就必须使用模拟电路和高频RF电路。上述电路原本是通过个别器件来实现的，但随着CMOS半导体集成电路技术的发展，这些电路已经可以安装在高度集成的IC芯片上了。随着电子设备的小型化、低功耗化，低成本化的急速发展，我们可以在任何时间和场所轻而易举地将人和物、环境联系起来。

模拟电路和高频RF电路对现代电子设备至关重要，然而对其进行开发的设计者并不多。主要原因在于相对于设计自动化发展迅猛的数字电路设计，模拟电路/RF电路的设计现在仍然依赖于设计者本人的知识储备和经验积累，要培养一位优秀的设计者需要花费很长时间。而产品的寿命越来越短，设计者的设计时间并不充分，活跃在研发前线的设计者必须能够在最短的时间内掌握电路设计技术并即刻投入工作。在这种背景下，CMOS模拟电路/RF电路的入门设计者需要一本实用型专业书籍帮助他们掌握真实的设计现场所必需的基础知识和应用技术，这就是本书出版的初衷。

本书面向有待成为CMOS模拟电路/RF电路设计者的大学生和研究生、大学毕业后在企业内实际从事CMOS模拟电路/RF电路设计的年轻技术人员，以及在岗位变动后涉及新的相关设计开发的技术人员。为了帮助读者在最短的时间内掌握CMOS模拟电路/RF电路设计技术并能在现场活学活用，本书列举了诸多真实产品的电路设计案例，解说它们的设计重点和需要注意的问题。第1章是无线通信系统的概要，这是CMOS模拟电路/RF电路设计共同的基础知识；第2章介绍模拟电路的基础知识；第3章讲解高频RF电路的基础知识；第4章介绍去除多余成分的滤波器电路；第5章讲解放大射频信号的低噪声放大器（LNA）；第6章介绍具有频率变换功能的混频器。这些都是对无线通信设备的接收电路进行信号处理时不可或缺的电路。除信号处理之外，各种电路中还需要提供基准电压和时钟，我们在第7章讲解基准电路；第8章讲解锁相环的设计方法；第9章介绍AD转换器基础知识；第10章专门讲解使用最广的逐次比较型AD转换器；第11章讲解无线设备的接收电路中频繁使用的ΔΣ型AD转换器的设计方法。

我们在创作本书时借鉴了诸多书籍、论文和解说文章。我们将它们列在文末以表谢意。从本书的策划到出版，科学情报出版株式会社编辑部的各位工作人员尽心尽力，我也在此向他们深表感谢。最后，希望本书能够帮助CMOS模拟电路/RF电路相关的技术人员和研究者提高设计技术。

三木拓司，道正志郎

目　录

第 1 章　绪　论 ……………………………………………… 1

1.1　组成 CMOS 模拟电路 /RF 集成电路的单元电路 ………… 3

1.2　无线通信方式的变迁 ………………………………… 4

第 2 章　什么是模拟电路 …………………………………… 11

2.1　模拟电路和线性电路 ………………………………… 13

2.2　模拟电路的固有振荡和实时响应 …………………… 17

2.3　模拟电路中产生的噪声 ……………………………… 21

2.3.1　最大有效功率和有效功率噪声 ………………… 21

2.3.2　噪声系数 ……………………………………… 22

2.4　模拟电路的仿真方式 ………………………………… 24

2.4.1　DC 分析 ……………………………………… 24

2.4.2　AC 分析 ……………………………………… 24

2.4.3　噪声分析 ……………………………………… 24

2.4.4　瞬态分析 ……………………………………… 24

2.4.5　PSS、噪声、PAC 分析 ………………………… 25

第 3 章　什么是高频电路 …………………………………… 27

3.1　高频电路和模拟电路的不同 ………………………… 29

3.2　*S* 参数和反射系数 …………………………………… 30

3.3　反射系数和史密斯圆图 ……………………………… 32

3.4　阻抗圆图和导纳圆图 ………………………………… 35

3.5　阻抗匹配 ……………………………………………… 36

3.6　二端口电路的稳定性 ………………………………… 40

3.7 二端口电路的增益 …… 46

第 4 章 模拟滤波器的设计方法 …… 49

4.1 模拟滤波器的传递函数 …… 51

4.2 模拟滤波器的实现方法 …… 52

4.2.1 二阶、一阶滤波器的级联连接设计方法 …… 53

4.2.2 梯型滤波器设计方法 …… 55

4.2.3 滤波器设计方法的优缺点 …… 57

4.3 开关电容电路构成滤波器的方法 …… 58

第 5 章 低噪声放大器的设计方法 …… 61

5.1 二端口电路的噪声系数展示 …… 63

5.2 LNA 的种类和噪声系数 …… 64

5.3 LNA 的设计步骤 …… 66

第 6 章 混频器的设计方法 …… 69

6.1 混频器的结构 …… 71

6.2 混频器的噪声源 …… 74

第 7 章 基准电路的设计方法 …… 77

7.1 基准电压电路 …… 79

7.2 基准电流电路 …… 81

7.3 基准电压电路的双稳态问题的解决方法 …… 83

7.4 PTAT 电流源电路 …… 84

7.5 晶体振荡器及其频率稳定原理 …… 84

7.6 晶体振荡器的振荡条件的导出 …… 86

第 8 章 锁相环的设计方法 …… 89

8.1 PLL 模块及其结构 …… 91

8.1.1 鉴频鉴相器 …… 91
8.1.2 电荷泵电路 …… 93
8.1.3 环路滤波器 …… 95
8.1.4 VCO …… 97
8.1.5 分频器 …… 98

8.2 PLL 的传递函数 …… 99
8.2.1 输入相位变化对输出相位特性的计算 …… 101
8.2.2 输入相位变化对相位误差特性的计算 …… 102
8.2.3 输入频率变化对相位误差特性的计算 …… 103

8.3 PLL 的传递函数最优化 …… 103
8.3.1 二阶环路滤波器的最优化 …… 104
8.3.2 三阶环路滤波器的最优化 …… 105
8.3.3 环路带宽的最优化 …… 106

8.4 PLL 的抖动特性 …… 108

第 9 章 AD 转换器 …… 111

9.1 AD 转换器的性能 …… 113
9.2 AD 转换器的种类 …… 114
9.3 AD 转换器的噪声 …… 116
9.3.1 量化噪声 …… 116
9.3.2 热噪声 …… 117
9.3.3 采样抖动的影响 …… 118
9.3.4 过采样带来的 *SN* 改善 …… 120

第 10 章 逐次比较型 AD 转换器的设计方法 …… 123

10.1 逐次比较型 AD 转换器的概要 …… 125
10.2 电容 DAC 的设计方法 …… 126
10.3 采样开关的设计方法 …… 129

10.4 比较器的设计方法……132
10.4.1 比较器的最优化设计……132
10.4.2 比较器的噪声仿真……136
10.5 逐次比较逻辑电路的设计方法……137
10.6 校正方式……138
10.6.1 串联电容的校正方式……139
10.6.2 利用冗余电容的矫正方式……140
10.7 逐次比较型 AD 转换器的仿真……141
10.8 逐次比较型 AD 转换器的发展……144
10.8.1 时间交替技术带来高速化……144
10.8.2 噪声整形型逐次比较技术带来的高分辨率化……145

第 11 章 ΔΣ 型 AD 转换器的设计方法……147

11.1 ΔΣ 调制的原理……149
11.1.1 量化噪声的分布……149
11.1.2 非理想因素……150
11.2 ΔΣ 调制的结构……151
11.2.1 离散时间型开关电容积分器……151
11.2.2 多重 FB 型结构……152
11.2.3 多重 FF 型结构……153
11.2.4 低失真 FF 型结构……154
11.2.5 MASH 结构……155
11.3 离散型和连续时间型……156
11.3.1 ΔΣ 调制器的稳定性……156
11.3.2 传递函数设计……157
11.3.3 连续时间型 ΔΣ 调制器……160

参考文献……165

第1章 绪 论

本书根据设计实例针对模拟电路/RF电路技术介绍电路理论知识。我们可以用集中常数表示的元件解电路方程来解析常见的模拟电路的工作情况。而高频电路表现为分布常数电路，它的工作状态需要通过反射系数，即所谓的S参数来进行解析。模拟电路和高频RF电路是无线通信设备的信号收发电路和传感器设备的前端电路中不可或缺的电路。然而优秀的模拟电路/RF电路设计者需要经历漫长的时间来积累丰富的知识和经验。现代技术革新日新月异，产品寿命短缩，因此设计者需要在有限的开发时间内掌握所需技能和实战经验。因此本书介绍了诸多组成最新的模拟电路/RF电路的单元电路实例，并详尽地介绍实际设计时的关键思路、方法和注意事项等，书中内容可以现学现用于研究和开发前沿。本书还大量使用图表给读者以直观的视觉感受，便于理解。同时，本书也解说了最新的模拟电路/RF电路设计中必不可少的基础电路理论。

1.1　组成CMOS模拟电路/RF集成电路的单元电路

CMOS集成电路技术的发展带动了逻辑电路和存储电路的小型化、低功耗化和高速化。同时，以前通过双极晶体管或化合物半导体的单个器件实现的模拟电路和高频RF电路也可以安装在CMOS电路中，集成在一枚芯片上。这样一来，无线通信设备和传感器设备迅速实现了小型化、低功耗化和低成本化，人们得以开发出物联网和便携式终端等新应用。

如图1.1所示，无线通信电路分为信号接收电路和信号发射电路，接收电路主要由将天线接收的微弱信号放大的LNA、将信号降频至基带区域的混频器、去除无用成分的滤波器，以及模拟数字转换（AD转换器）电路组成；发射电路则由将数据转换为模拟值的DA转换器、将信号频率升频的混频器，以及放大信号并从天线发射出去的功率放大器（PA）组成。其他通用电路还包括生成时钟的PLL和基准信号生成电路等。

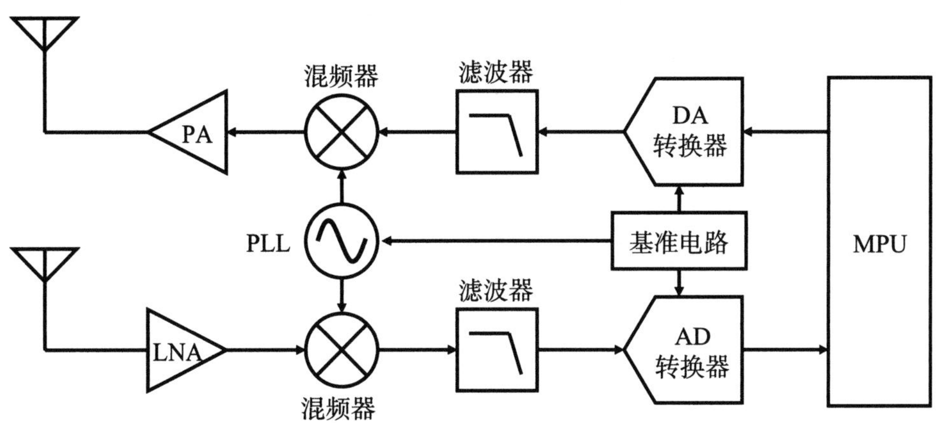

图1.1　无线通信电路的模块图

如图1.2所示，传感器前端电路的特点是结构与无线通信电路的接收电路相同，处理的信号频率不高。RF电路通常指的是用于无线通信的高频电路，相当

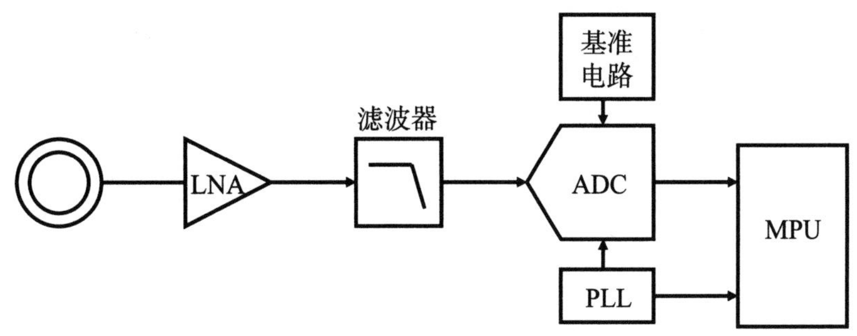

图1.2　传感器前端电路模块图

于图1.1中的LNA、混频器和功率放大器。在下一节我们会讲到，无线通信方式也逐渐向活用CMOS集成电路特性的结构转变。本书从现代CMOS无线通信电路和传感器电路的组成电路中选取滤波器、LNA、混频器、基准电路、PLL和AD转换器，讲解它们的实用设计方法。

1.2 无线通信方式的变迁

在IT时代到来之前，一提到无线通信，人们追求的都是如何清晰地接收来自更远处的声音信号，其中最具代表性的就是广播的接收机。而在光纤网络发达的现代，人们的研究方向则是采用什么系统才能在近距离~中等距离范围内尽可能高效地收发大量数字信号。根据这种需求，近年来的无线通信方式发生了巨大的变化。本节将介绍无线通信方式的变迁、各种方式的概要以及面临的课题。

Q值相同的滤波器在中心频率高和低两种情况下的频率特性如图1.3所示，用对数尺表示。Q值相同，所以滤波器的形状完全相同。由于频率用对数尺表示，所以中心频率为100kHz和1GHz的滤波器的带宽相差1万倍。

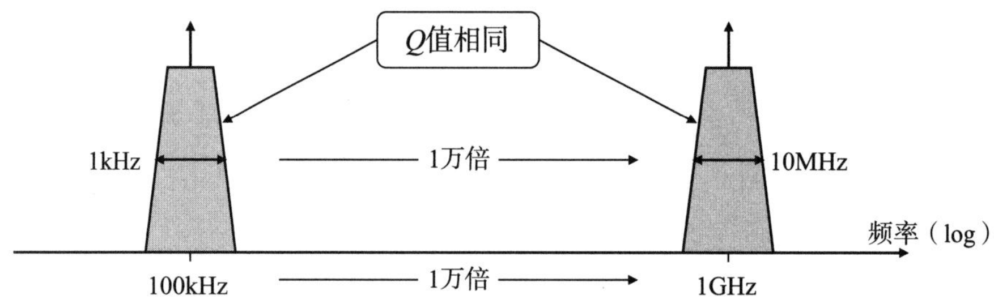

图1.3 滤波器特性的基本性质

也就是说，在高频领域中用带通滤波器提取狭窄信号频带时，需要Q值远高于低频领域的滤波器。这是现有的电路技术和设备技术无法满足的，因此需要将信号转换为低频领域再提取狭窄信号频带。

图1.4是过去无线系统中最常见的超外差接收机的模块图。超外差接收方式

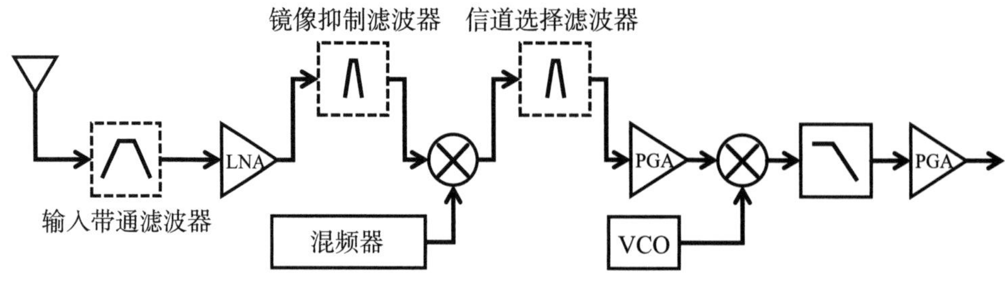

图1.4 超外差接收机的模块图

是1918年由埃德温·霍华德·阿姆斯特朗提出的，一直以来几乎应用于所有收音机和电视机的接收机。

这种方式需要三种外置滤波器：抑制带外高频噪声混入的输入带通滤波器、把高频信号转换为中频时抑制镜像信号混入的镜像抑制滤波器、选择信号通道的信道选择滤波器（图1.5）。这些滤波器的Q值均必须高于中心频率，因此无法内置于电子电路中。实际上输入带通滤波器采用了介质滤波器，镜像抑制滤波器和信道选择滤波器采用了SAW滤波器。超外差接收方式经历了漫长的时间，器件得以最优化，品质很高，所以频率选择度、镜像抑制比极高，灵敏度也极高。尤其是镜像抑制比达到了其他方式难以企及的60dB以上。但由于滤波器外置，而且只能处理固定频率，如果想用于多种无线方式就需要替换大量零件。因此便携式无线等应用情况下，超外差接收方式在减少零件数量和小型化上都会受限。

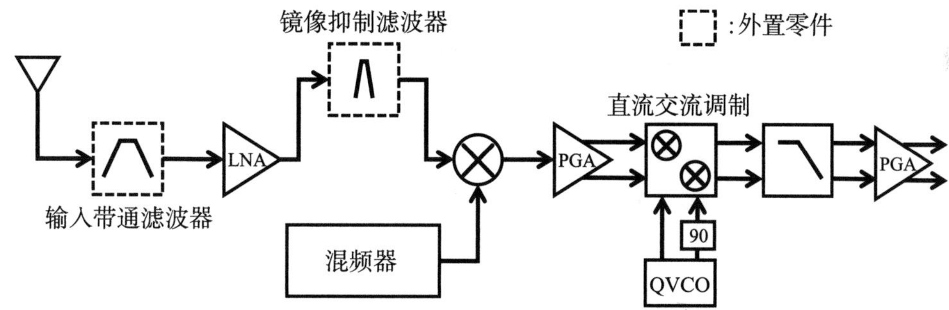

图1.5　超外差接收机的信道选择滤波器

然而CMOS电路的数字电路集成度、AD转换电路的转换速度和分辨率都有所提高，以往由于精度不足而难以使用的电路也变得容易实现了。

其中有一种技术称为复数乘法电路。在解释这一名词之前，我们有必要先介绍一下常见的乘法器的性质。请思考频率不同的两个正弦波或余弦波做乘法会出现什么结果。用复数表示正弦波和余弦波时，会发现其中包含正和负的频率成分，如下式所示：

$$\sin\omega t=\frac{e^{j\omega t}-e^{-j\omega t}}{2} \tag{1.1}$$

$$\cos\omega t=\frac{e^{j\omega t}+e^{-j\omega t}}{2} \tag{1.2}$$

两个余弦波的乘法则如下所示：

$$\begin{aligned}\cos\omega_1 t\cdot\cos\omega_2 t&=\left(\frac{e^{j\omega_1 t}+e^{-j\omega_1 t}}{2}\right)\left(\frac{e^{j\omega_2 t}+e^{-j\omega_2 t}}{2}\right)\\&=\frac{1}{4}\left(e^{j(\omega_1+\omega_2)t}+e^{-j(\omega_1+\omega_2)t}+e^{j(\omega_1-\omega_2)t}+e^{-j(\omega_1-\omega_2)t}\right)\end{aligned}\tag{1.3}$$

此时设ω_1为输入信号频率，ω_2为混频器的频率，ω_{IF}为中间频率，则$\omega_1-\omega_2=\omega_{IF}$，所以$\omega_1=\omega_2+\omega_{1IF}$。当$\omega_1+\omega_2=\omega_{IF}$时，$\omega_1=-\omega_2+\omega_{IF}$的频率也会被转换为$\omega_{IF}$。

常见的电子电路中无法区分正负频率，所以$-\omega_2+\omega_{IF}=\omega_2-\omega_{IF}$，可知最后$\omega_2\pm\omega_{IF}$的频率被转换为$\omega_{IF}$的频率。因此如果一开始不用镜像抑制滤波器去除$\omega_2\pm\omega_{IF}$中的一种频率，$\omega_{IF}$的信号就会出现两种频带的信号相互干扰的情况。这种镜像抑制滤波器必须安装在高频区域，因此要想设计出高Q值滤波器就不能将它设计在LSI内部，必须将其外置。

下面我们看看复数频率$e^{-j\omega t}$做乘法会怎样：

$$\cos\omega_1 t\cdot e^{-j\omega_2 t}=\frac{e^{j(\omega_1-\omega_2)t}+e^{-j(\omega_1-\omega_2)t}}{2}=\cos\left(\omega_1-\omega_2\right)t\tag{1.4}$$

也就是说，如果能够计算$e^{-j\omega t}=\cos(-j\omega t)+j\sin(-j\omega t)$，就没有必要去除无用的图像成分。

图1.6展示了复数乘法电路的结构示例。输入的是中频信号。为了切换基带信号，计算$\cos(\omega_m t)$和$\sin(\omega_m t)$的乘积，用低通滤波器去除高频成分，输出的低频成分为$\cos(\omega_m-\omega_s)t$和$\sin(\omega_m-\omega_s)t$。设$\omega_s=\omega_m\pm\omega_b$，则该输出成分为$\cos(\pm\omega_b t)$和$\sin(\pm\omega_b t)$。余弦波为$\cos(\pm\omega_b t)=\cos(\omega_b t)$，正弦波为$\sin(\pm\omega_b t)=\pm\sin(\omega_b t)$，

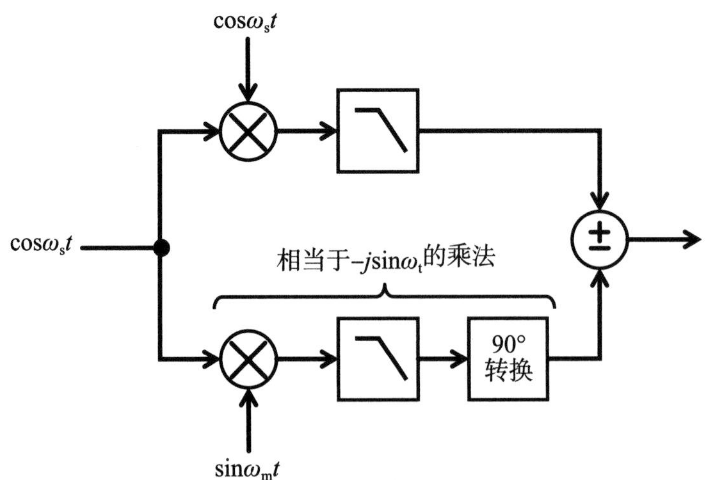

图1.6 实现复数乘法的降频电路

符合计算。也就是说，相对于镜像频率，正弦波输出在与余弦波输出相反的方向上旋转。与余弦波输出相比，正弦波输出的相位滞后90° 。所以如图1.7上方所示，如果将镜像频率的正弦波输出相位再滞后90° ，则与余弦波输出一致。所以如果取二者的差就可以使镜像输出为零，从而去除镜像。相对的，信号成分的正弦波输出在与余弦波相同的方向上旋转，所以如图1.7下方所示，将相位滞后90° 就变成-cos输出，计算差值后输出恰好是2倍。综上所述，我们可以通过复数乘法消除镜像信号，而无须采用高Q值滤波器。

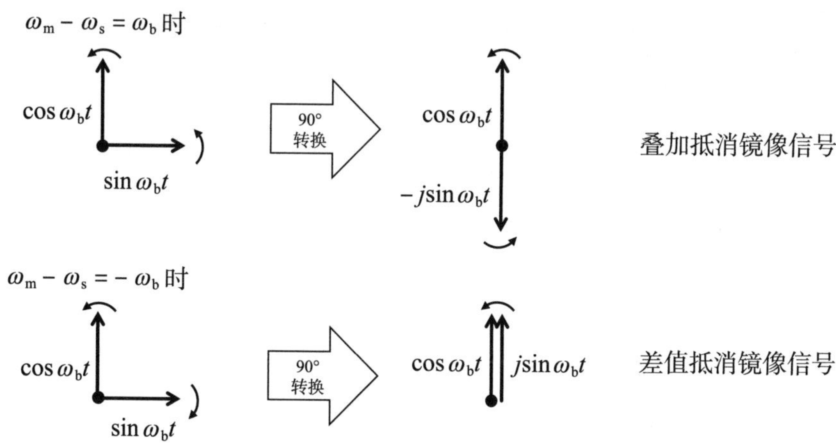

图1.7 用复数乘法去除镜像信号的原理

以往的CMOS电路的精度不足以完成上述复数乘法，因此只能使用外置SAW滤波器去除镜像信号。随着电路的细微化发展，近年来的CMOS LSI可以实现高速、高精度的AD转换器。

AD转换器将信号数字化后，就可以在数字领域进行高精度复数乘法计算了。因此可以用CMOS电路替换信道选择滤波器。高速、高精度的AD转换器的诞生实现了以往无法想象的接收机结构。最简单的接收机结构是零中频方式。不同于在中频区域转换一次频率再选择信道的超外差接收方式，零中频接收机直接将RF信号转换到基带，再进行信道选择。

图1.8是零中频接收机的模块图。零中频接收机不经过中频，直接将RF信号转换到基带。这时正频率和负频率会被转换到同一区域，因此要进行复数乘法，选择其中一种频率。复数乘法会将信号转换为最低频率，同时解决了精度问题。而实际上，前不久这种方式还很难进入实用阶段。

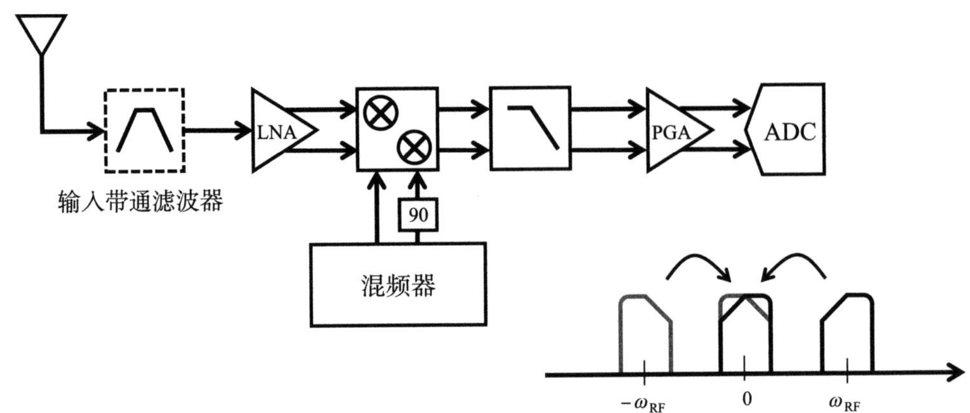

图1.8 零中频接收机结构

如图1.9所示，零中频方式的缺点很多，限制了它的实用化。但是现代无线系统迫切要求多种无线方式以最小的形式集成在LSI上，越来越多的电路技术克服了这些缺陷，由此零中频方式才得以进入实用阶段。

优 点	缺 点
• 不经过中频，结构简单 →满足多种通信方式	• 受本振泄漏的影响 • 自混频导致直流漂移，造成输出饱和
• 方便信道选择 →可以使用低通滤波器	• 受偶数级失真的影响
• 缓和混频杂散的影响	• 受$1/f$噪声的影响

图1.9 直接转换方式的特征

然而超外差方式向零中频方式的转变并不是一帆风顺的。其间经历了尽可能降低中频频率的低中频结构方式、将一度转换到中频区域的频率再次进行混频并转换为低频区域的近零中频结构方式等，最后才演变为零中频方式。我们可以跟随历史的变迁来讲述结构的变迁，不过下面我们着重围绕零中频方式介绍它所存在的问题和解决方法。

图1.10(a)表示混频时本振（LO）频率从寄生电容或电路板泄漏到天线中，再由天线泄漏到外部，形成对其他接收机的干扰波。通常要将泄漏级别控制在−50dBm～−70dBm以下。

图1.10(b)表示本振频带泄漏到乘法部分的另一边输入，相同信号之间由于自混频产生直流漂移的现象。产生直流漂移后，放大率较大时，后段的输出会发生饱和。本振频率从天线泄漏，在移动物体上反射后也会产生直流成分，此时漂移成分会发生变化，更加麻烦。

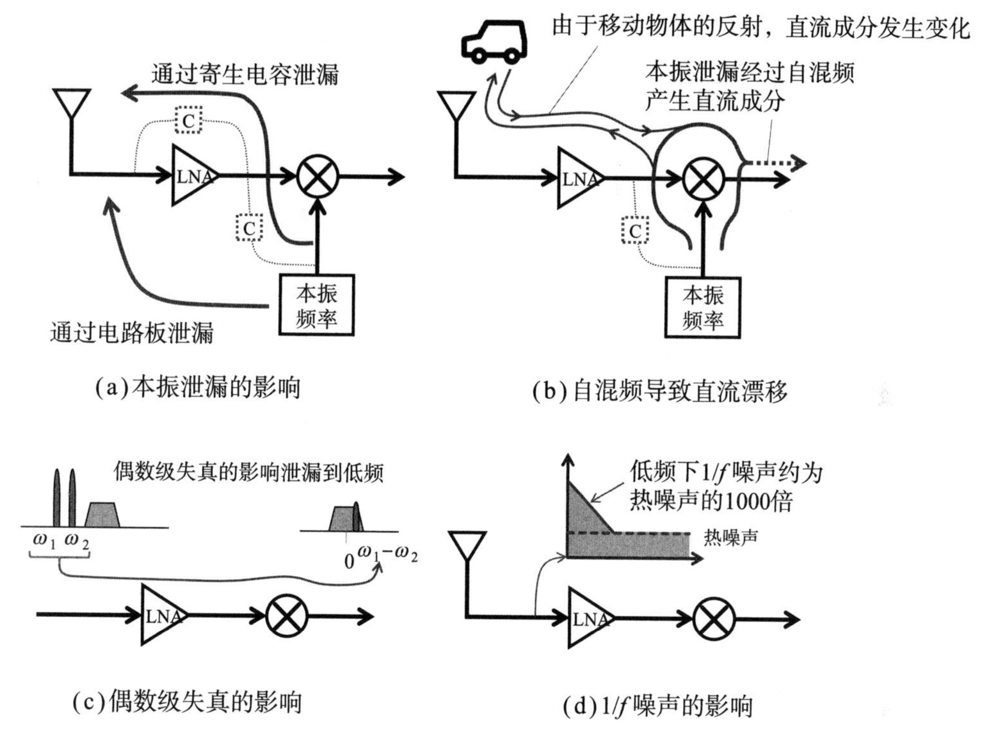

图1.10 零中频方式的缺点

图1.10(c)描述了另一种问题，LNA发生偶数级失真后，两种干扰波的拍频成分不经过频率转换，直接通过乘法器后出现在信号频带。

如图1.10(d)所示，直接转换时1/*f*噪声也混入了信号频带。1/*f*噪声在低频下是热噪声的1000倍以上，不容小视。

图1.11展示了针对图1.10(b)的自混频导致的直流漂移和混频的二次失真问题的系统示例。在AD转换后提取直流成分，DA转换器中产生偏移消除电压的反馈环路可以消除偏移电压。同理，调整电压能够从信号中提取二次失真成分或消除失真成分的影响，将调整电压输入混频器，把二次失真的效果控制在最小。随着CMOS LSI的细微化发展，数字电路技术的使用范围越来越广，AD转换器的性能得以迅猛发展。

综上所述，随着CMOS电路技术的发展，零中频方式成为主流，但本书不再进一步对通信系统进行讲解，相关内容请参考其他专业书籍。从下一章开始，我们将讲解组成零中频接收机的单元电路的设计方法。

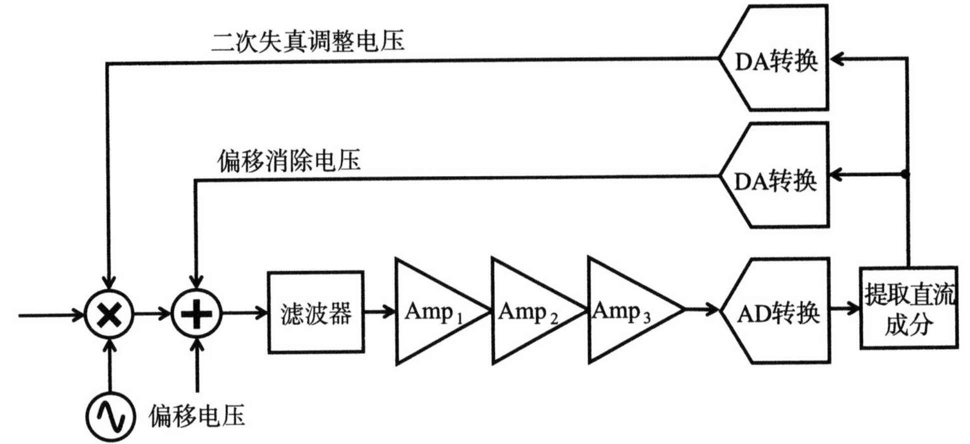

图1.11 解决自混频和二次失真的电路示例

第2章 什么是模拟电路

本章介绍模拟电路的基本知识。首先介绍理解模拟电路时必须了解的线性电路特征，然后讲解电路的振荡条件，接下来将介绍贯穿本书的重要概念之一——噪声，此外还将简单介绍模拟电路的仿真方法。

2.1 模拟电路和线性电路

模拟电路分为线性电路和非线性电路。在理解模拟电路时，线性电路是一个非常重要的概念，我们首先从线性电路讲起。

除了频率调制部分外，模拟电路大部分都是由线性电路构成的。如图2.1所示，线性电路就是输入和输出的频率不发生变化的电路，只有振幅和相位发生变化。因此，线性电路能够针对每个频率独立处理信号。

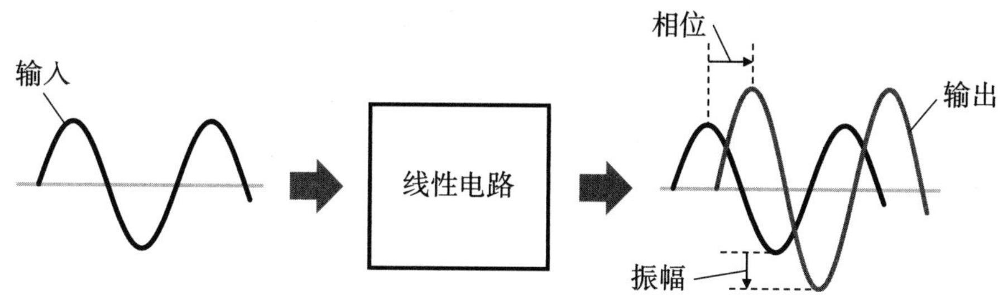

图2.1 线性电路的特征

从频谱角度看，没有检测到与输入信号频率不同的输出信号频谱（图2.2）。因此线性电路中不会发生信号干扰问题，这一点在设计通信系统等信号处理系统时非常重要。

图2.2 线性电路的优点

线性电路内部可使用的信号处理运算模块如图2.3所示，由加法、常数倍、

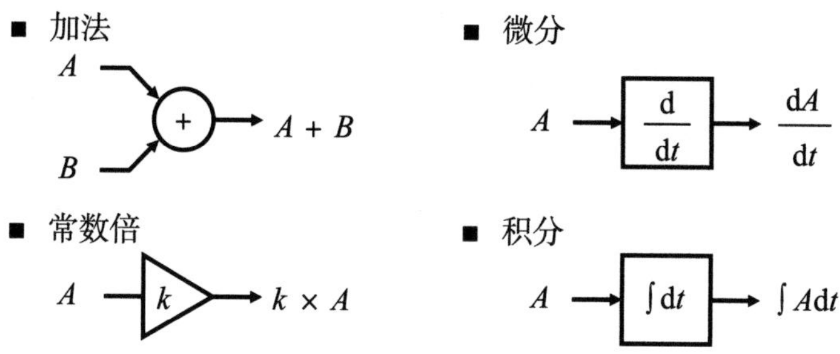

图2.3 线性电路的信号操作

微分、积分四种信号处理模块组成的电路都是作为线性电路工作的。实际上从施加输入信号$A\sin(\omega_1 t)$时的输出结果可以看出，频率并未发生变化。

如图2.4所示，下面我们对线性电路的特征进行总结：线性电路中输入和输出的频率不发生变化；线性电路的输出只有信号大小和相位（时间）发生变化，这些变化受输入信号频率ω的影响。用$A(\omega)$表示此时信号振幅的变化，用$\theta(\omega)$表示相位的变化，这两种特性结合起来称为频率特性。

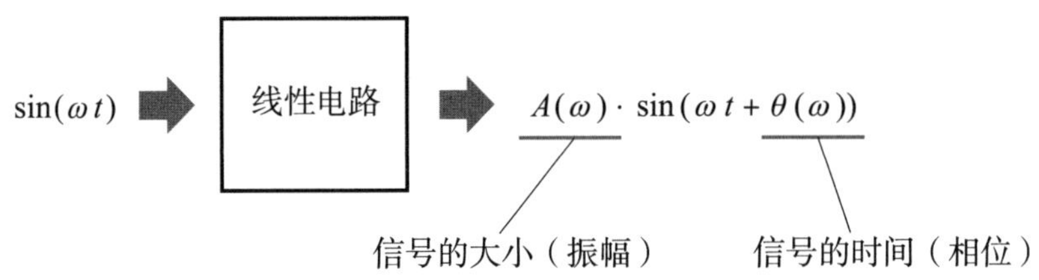

图2.4　线性电路的特征总结

计算频率特性时使用输入信号参数$e^{j\omega t}$。这是因为通过$e^{j\omega t}$可以同时计算出频率特性的振幅和相位，如图2.5所示。这时输出复向量的大小表示线性电路的输入输出信号振幅比（增益）。实轴和输出复向量的夹角表示输出信号和输入信号的角度差（相位差）。也就是说，复数指的是能够用一个数表示二维平面的数字。如果不使用复数，就只能用矩阵表示平面，这样比较麻烦。下文中我们会讲到，用拉普拉斯变量表示复向量$e^{j\omega t}$，就免去了解微分方程的麻烦，只用加减乘除四则运算即可导出电路的输出增益和输出信号相位差。

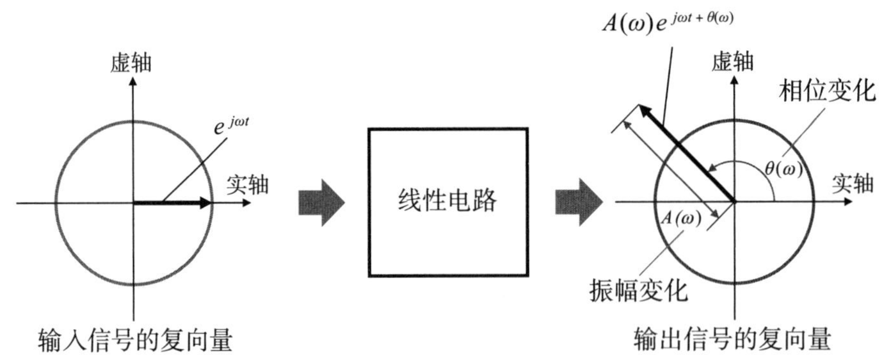

图2.5　线性电路的输入输出关系（用复向量表示）

接下来，图2.6展示了线性电路内组成实际能够使用的运算模块的元件。如果是电流输入，可以通过电容进行积分运算，通过线圈进行微分运算。此外，可以通过电阻进行常数倍运算。

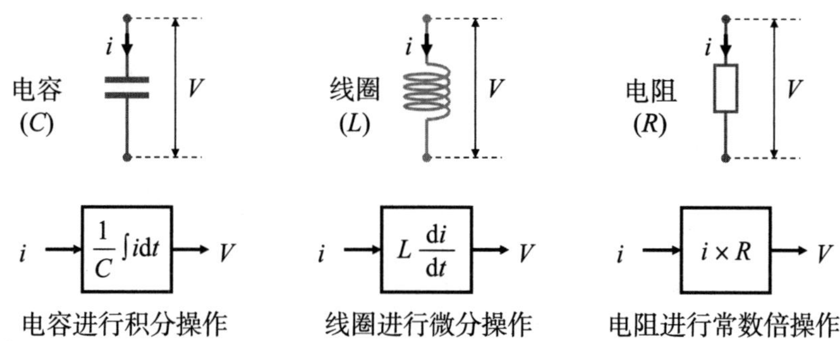

图2.6 实现线性运算的电路元件

如图2.7所示，将$j\omega$置换为s，s就称为拉普拉斯变量。用拉普拉斯变量可以计算出电容值为C的电容的阻抗$1/sC$，电感值为L的线圈的阻抗sL。电阻值为R的电阻的阻抗仍然是R。因此通过拉普拉斯变量，微分和积分只用乘法处理就可以进行运算。

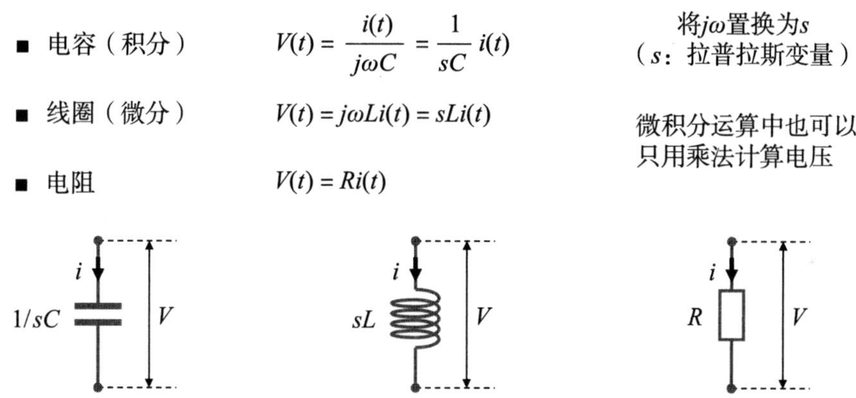

图2.7 线性元件的电压对电流的响应

从上述讲解内容可知，由L、C和R组成的电路可以简单地计算出传递函数。要想通过给出的电路网求出传递函数，需要导出电路的（联立）方程，因此需要使用基尔霍夫电流定律。基尔霍夫电流定律如图2.8所示，电路网各个节点流出的电流之和是零，即

$$I_1 + I_2 + I_3 + I_4 = 0 \tag{2.1}$$

$$\frac{V_0 - V_1}{Z_1} + \frac{V_0 - V_2}{Z_2} + \frac{V_0 - V_3}{Z_3} + \frac{V_0 - V_4}{Z_4} = 0 \tag{2.2}$$

将元件值代入各个阻抗，可以得到下式：

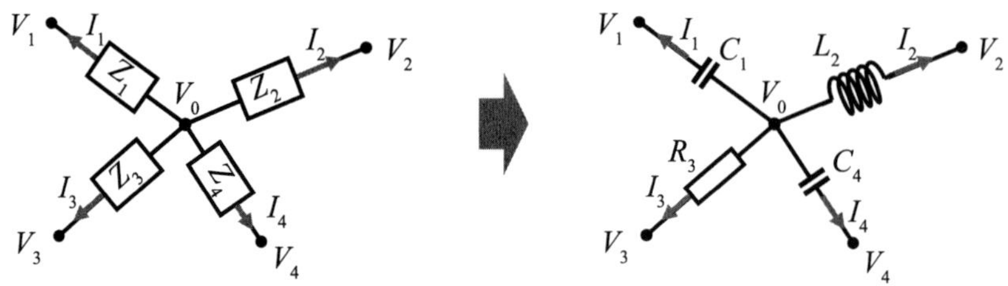

图2.8　由基尔霍夫电流定律导出电路方程

$$\frac{V_0-V_1}{\left(\dfrac{1}{sC_1}\right)}+\frac{V_0-V_2}{sL_2}+\frac{V_0-V_3}{R_1}+\frac{V_0-V_4}{\left(\dfrac{1}{sC_4}\right)}=0 \tag{2.3}$$

在电路网的各个节点使用上述电流定律，每个节点都可以列出一个方程。所以方程数等于节点的总数。解联立方程就可以得到表示与各个节点电压对应的频率特性的拉普拉斯变量。

举个例子，我们来导出图2.9中有三个节点的电路网的节点方程：

$$\begin{aligned}&(V_1-V_{\text{IN}})Y_1+V_1Y_2+(V_1-V_2)Y_3=0\\&(V_2-V_1)Y_3+V_2Y_4+(V_2-V_{\text{OUT}})Y_5=0\\&(V_{\text{OUT}}-V_2)Y_5+V_{\text{OUT}}Y_6=0\end{aligned} \tag{2.4}$$

其中，Y_1到Y_6是元件导纳（阻抗的倒数）。用导纳将公式矩阵化可得到下式：

$$\begin{bmatrix}V_{\text{IN}}Y_1\\0\\0\end{bmatrix}=\begin{bmatrix}Y_1+Y_2+Y_3&-Y_3&0\\-Y_3&Y_3+Y_4+Y_5&-Y_5\\0&-Y_5&Y_5+Y_6\end{bmatrix}\begin{bmatrix}V_1\\V_2\\V_{\text{OUT}}\end{bmatrix} \tag{2.5}$$

式（2.5）的左边是电流源，右边由导纳矩阵和节点电压构成。将电阻值R_1，R_3，R_5代入Y_1，Y_3，Y_5，将电容值代入C_2，C_4，C_6，式（2.5）变形如下：

$$\begin{bmatrix}\dfrac{V_{\text{IN}}}{R_1}\\0\\0\end{bmatrix}=\begin{bmatrix}\dfrac{1}{R_1}+sC_2+\dfrac{1}{R_3}&-\dfrac{1}{R_3}&0\\-\dfrac{1}{R_3}&\dfrac{1}{R_3}+sC_4+\dfrac{1}{R_5}&-\dfrac{1}{R_5}\\0&-\dfrac{1}{R_5}&\dfrac{1}{R_5}+sC_6\end{bmatrix}\begin{bmatrix}V_1\\V_2\\V_{\text{OUT}}\end{bmatrix} \tag{2.6}$$

解上述矩阵化的联立方程，求出输出V_{OUT}与输入V_{IN}的比，就可以计算输出V_{OUT}的传递函数：

$$V_{OUT}/V_{IN}=1/\left(\begin{array}{l}C_2C_4C_6R_1R_3R_5s^3\\+\left(\begin{array}{l}C_2C_4R_1R_3+C_2C_6R_1R_3+C_2C_6R_1R_5\\+C_4C_6R_1R_5+C_4C_6R_3R_5\end{array}\right)s^2\\+\left(C_2R_1+C_4R_1+C_4R_3+C_6R_1+C_6R_3+C_6R_5\right)s\\+1\end{array}\right) \quad (2.7)$$

通常解电路网输出的传递函数用拉普拉斯变量的分数多项式表示：

$$H(f)=\frac{V_{OUT}}{V_{IN}}=\frac{b_ns^n+b_{n-1}s^{n-1}+\cdots+b_1s+b_0}{a_ns^n+a_{n-1}s^{n-1}+\cdots+a_1s+a_0} \quad (2.8)$$

将数值代入电路元件，计算传递函数。拉普拉斯变量$s=j\omega=j\cdot 2\pi f$，所以将要求的频率代入f计算传递函数。将$R_1=R_3=R_5=1\text{k}\Omega$，$C_2=1\mu\text{F}$，$C_4=1\text{nF}$，$C_6=1\text{pF}$代入图2.9，则

$$H(f)=\frac{1}{1-\left(2.48\times10^{-16}j\right)f^3-3.96\times10^{-8}f^2+\left(0.63\times10^{-2}j\right)f} \quad (2.9)$$

举个例子，求输入信号为100Hz时的传递函数，设$f=100$，计算$H(100)$的值，得到$H(f)=0.716-0.451j$，这个复向量的大小为0.846，与实轴的夹角为−32.2°，因此可以计算出传递函数的增益（信号振幅的变化）$A(100)=0.846$，传递函数的相位（信号滞后）$\theta(100)=-32.2°$。

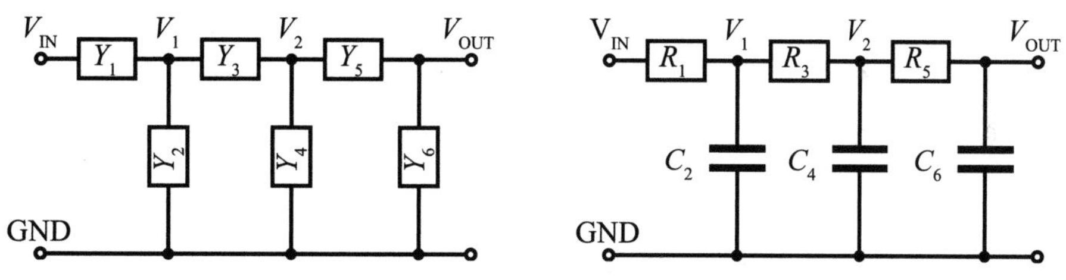

图2.9　用于导出电路方程的电路

2.2　模拟电路的固有振荡和实时响应

本节将讲解怎样通过传递函数计算电路的固有振荡状态。

当向线性电路输入非常尖锐的瞬时脉冲时，线性电路会输出固有振荡。这与突然敲钟时发出巨大响声的现象相似。图2.10展示了输入脉冲信号时线性电路的输出响应。值得注意的是，虽然输入只有一瞬间，但即使输入变为0，电路仍然会继续输出振荡。也就是说，即使电路中没有输入，振荡仍然会产生输出信号。即振荡时，式（2.5）的方程中不存在电压＝0的解。要满足这个条件，表示电路方程的矩阵行列式须为0。

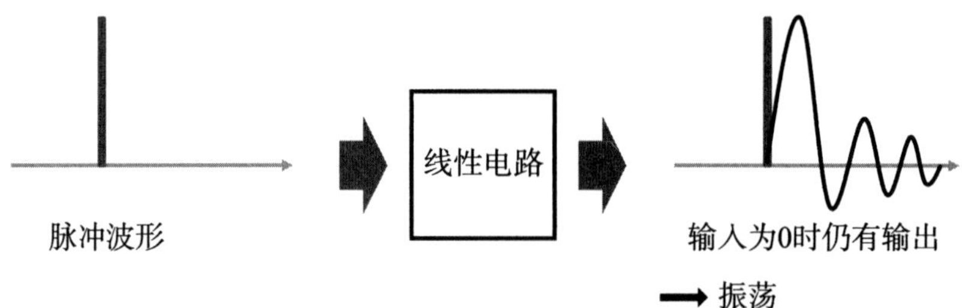

图2.10　输入脉冲信号时线性电路的响应

上述内容可以用下式表示：

$$\begin{aligned}[A][V_i]&=[0]\\ [A]^{-1}[A][V_i]&=[A]^{-1}[0]\\ [V_i]&=[A]^{-1}[0]=[0]\end{aligned} \tag{2.10}$$

也就是说，当$[A]^{-1}$不存在时，$[V_i]$未知，有可能振荡。$[A]$的逆矩阵不存在的条件是$[A]$的行列式 = 0。

下面我们来思考电路方程的行列式为0时，即电路振荡频率条件下的传递函数。如式（2.11）所示，用电路的行列式表示传递函数的分母：

$$[A]^{-1}[V_i]=\frac{\bar{A}}{\det(A)}[V_i] \tag{2.11}$$

其中，$\bar{A}$是A的代数余子式。电路的振荡条件是行列式 = 0，所以电路振荡时无法定义传递函数，是无限大的。传递函数的式（2.8）可以变形为下式：

$$H(f)=\frac{(s-z_1)(s-z_2)\ldots(s-z_{n-1})(s-z_n)}{(s-p_1)(s-p_2)\ldots(s-p_{n-1})(s-p_n)} \tag{2.12}$$

传递函数的分母为0时，拉普拉斯变量的值被称为传递函数的极点。有多少种极点值，线性电路就有多少种振荡。如分母用s的三次方程表示，极点值有三个，则线性电路有三种振荡状态。极点值为复数$\alpha+j\omega_n$，所以电路的振荡状态可以写为$e^{(\alpha+j\omega_n)t}$。

其中指数的虚部表示电路的振荡数，实部α表示衰减率。如图2.11所示，如果实部的符号为负，振荡呈衰减状态；如果符号为正，则振荡呈扩大发散状态。如果实部为0，则振荡会按照固定振幅持续不变。因此从α的符号就可以判断出电路处于稳定的收敛状态还是不稳定的发散状态。

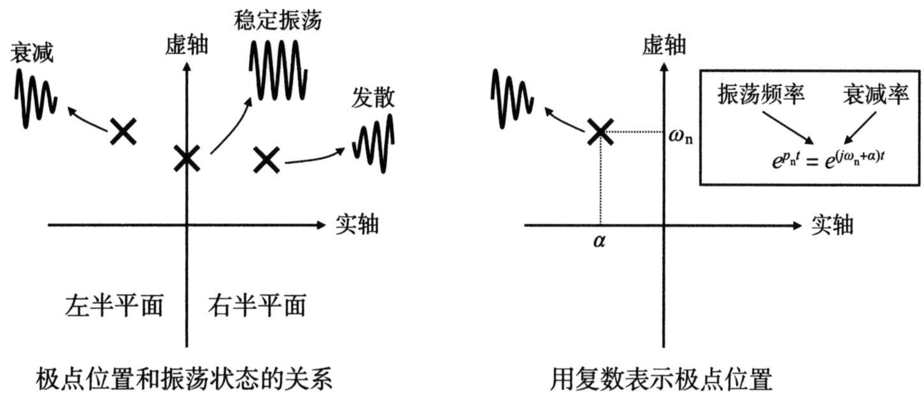

图2.11　传递函数的极点配置和电路的振荡状态的关系

线性电路的振荡状态种类与极点的个数相同，只不过总是重复相同的振荡状态。如图2.12所示，线性电路的内部状态不会因之前的输入信号而发生改变，所以当把输入信号分割成非常精细的脉冲输入时，会反复输出与之对应的脉冲响应。发生变化的是脉冲响应的输出大小。也就是说，向线性电路输入连续波形，电路会输出脉冲响应的卷积积分。

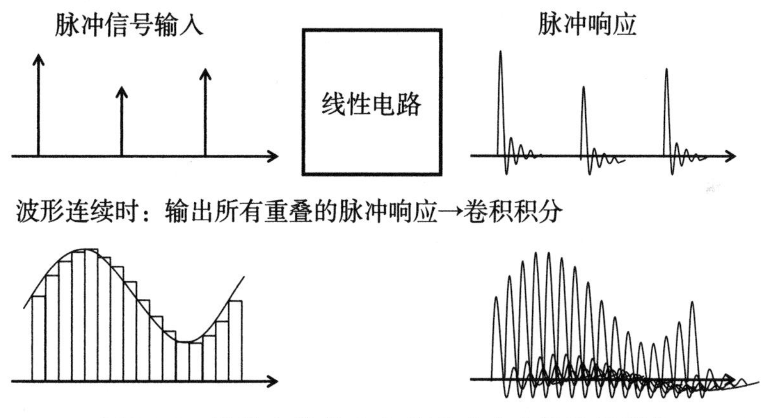

图2.12　线性电路的响应是脉冲响应的卷积积分

采用拉普拉斯变换则更简单。设输入信号为$f(\tau)$，电路的脉冲响应为$h(t-\tau)$，输出信号为$F(t)$，则

$$F(t)=\int_0^t f(\tau)h(t-\tau)\mathrm{d}\tau \tag{2.13}$$

将上式进行拉普拉斯变换，则

$$F(s)=f(s)h(s) \tag{2.14}$$

只用乘法就可以计算卷积积分，所以线性电路的响应也很容易计算。其中$f(s)$是

输入信号的拉普拉斯变换，$h(s)$是传递函数，也就是说，脉冲响应的拉普拉斯变换$F(s)$就是输出信号的拉普拉斯变换。将通过拉普拉斯变换求出的卷积积分结果返回时域响应需要进行拉普拉斯逆变换。这种逆变换可以通过留数定理进行简单的计算。

以拉普拉斯逆变换为例，我们实际计算一下一阶RC滤波器的阶跃响应。如图2.13所示，RC滤波器的传递函数为

$$H(s)=\frac{1}{1+sCR} \tag{2.15}$$

阶跃响应的传递函数是$1/s$，求输出必须将二者相乘。这样计算出的输出响应是

$$F(s)=\frac{1}{s(1+sCR)} \tag{2.16}$$

因此将此响应进行拉普拉斯逆变换后就可以计算出时域内的滤波器响应。

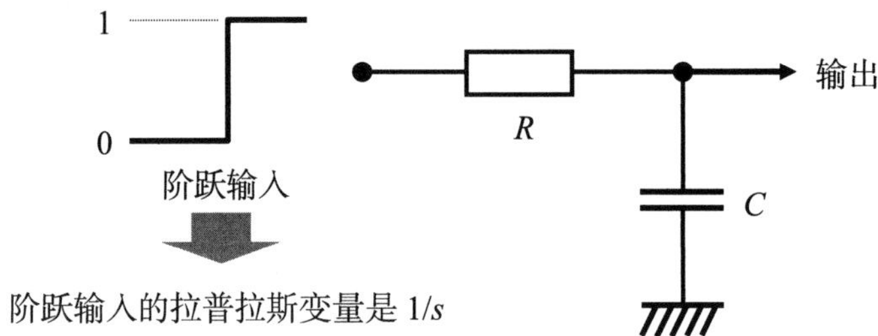

图2.13　一阶RC滤波器的阶跃响应

拉普拉斯逆变换是输出响应的所有留数的和。有多少个输出响应的分母 = 0的极点值，就有多少个留数。所以这时存在$s=0$和$s=-1/CR$的两个极点值对应的两个留数。这两个留数的和是拉普拉斯逆变换得到的值。$s=0$的极点对应的留数是

$$\lim_{s\to 0}\frac{1}{s(1+sCR)}(s+0)e^{st}=1 \tag{2.17}$$

$s=-1/CR$的极点对应的留数是

$$\lim_{s\to -\frac{1}{CR}}\frac{1}{s(1+sCR)}\left(s+\frac{1}{CR}\right)e^{st}=\lim_{s\to -\frac{1}{CR}}\frac{1}{sCR}e^{st}=-e^{-\frac{1}{CR}t} \tag{2.18}$$

因此这两个留数的和就是响应，CR滤波器的阶跃响应可计算为

$$h(t)=1-e^{-\frac{1}{CR}t} \tag{2.19}$$

综上所述，模拟电路可以用电路网表示电路，从中导出电路方程并计算，从而得到电路频率和时间轴范围内的特性。

2.3 模拟电路中产生的噪声

模拟电路的信号通过元件或导体中的自由电子传导。其中自由电子受热后会无序振动，这种振动就会成为噪声源。自由电子的热量引发的噪声称为热噪声。只要电子被用于信号传递，就必然产生热噪声，无源元件的噪声会产生在电阻元件上，有源元件的噪声会产生在晶体管元件或二极管元件内部。在最常用的MOS晶体管中，因技术工艺误差产生的缺陷使电子被困于栅极氧化物内，从而产生被称为闪烁噪声的低频噪声。这种闪烁噪声在低频范围内约为热噪声的1000倍，因此在设计低频信号放大传感器电路等时需要特别注意。如何消除这种热噪声和闪烁噪声的影响，巧妙地放大信号，便是模拟电路中的关键课题。如图2.14所示，噪声对模拟电路的影响可以看作所有产生于输入的噪声源，这种噪声源被称为等效输入噪声。也就是说，模拟电路的SNR可以用输入信号功率与等效输入噪声的功率的比来表示。

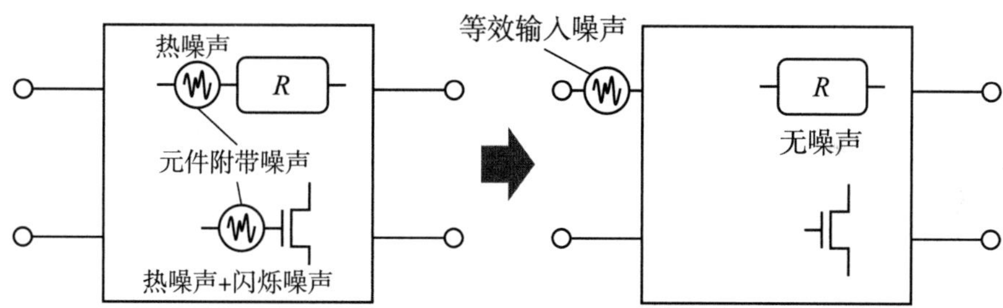

图2.14 等效输入噪声

2.3.1 最大有效功率和有效功率噪声

要使电源释放出最大功率，需要将电源电路的等效阻抗的复共轭值作为负载。这时系统的SNR也最大。众所周知，在有接收滤波器的情况下，如果输入噪声不具有频率特性，则提供最大SNR的接收滤波器特性与输入信号的傅里叶变换的复共轭成正比。这时提供给负载的功率$P_{max}=V_{rms}{}^2/4a$（图2.15）。假设这个信号源是热噪声，$V_{rms}=\sqrt{4kTR}$，$V_{rms}=V_o/\sqrt{2}$，$a=R$，所以$P_{max}=kT$，大小不受负载值的影响，始终不变，这就是有效功率噪声。如果$T=300\text{K}$，则$P_{no}=-174\text{dBm/Hz}$。

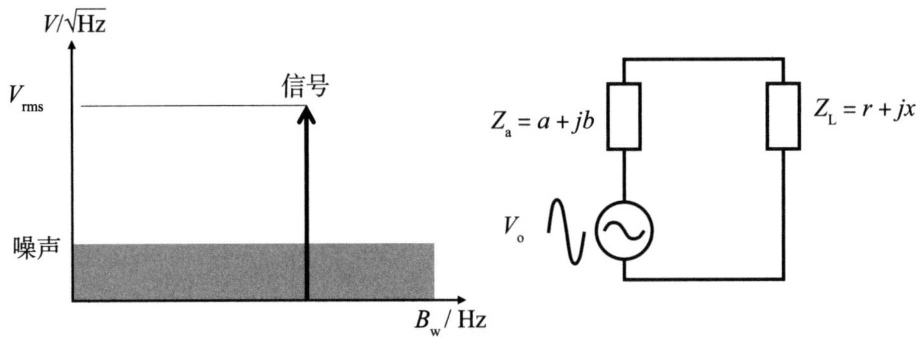

图2.15　最大有效功率的计算

在常见的无线系统等中，–174dBm/Hz是最小噪声等级。如图2.16所示，在无线传感系统中检测出信号的条件是信号等级要大于等效输入噪声的频谱。如果系统中没有任何噪声，有效功率噪声就会成为噪声功率。

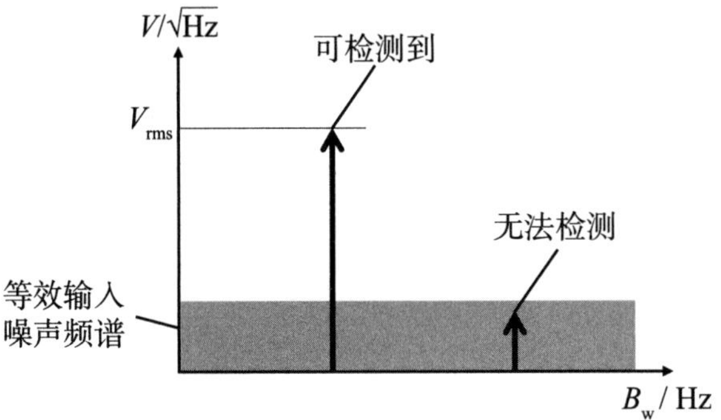

图2.16　可检测到输入信号和无法检测输入信号的情况

2.3.2　噪声系数

在设计通信等传感系统电路时，为了考虑噪声的影响，常常使用噪声系数（noise factor）这一概念。噪声系数指的是“理想传感系统的*SNR*”减去“传感系统的*SNR*”的差值。因此噪声系数表示传感系统中噪声导致的*SNR*低下的程度。图2.17展示了SSB接收机的噪声系数计算示例。

SSB接收机的信号带宽为1.9kHz。如频谱图所示，设输入信号等级为–125dBm，则其*SNR*计算如下：

SSB接收机输入时的*SNR* = –125dBm–（–174dBm（最小噪声等级）+10log1900（带宽的噪声增加量））≈16dB

接下来如图2.17的右图所示，设信号等级为20dB，噪声等级为–23dB，则*SNR*的计算如下：

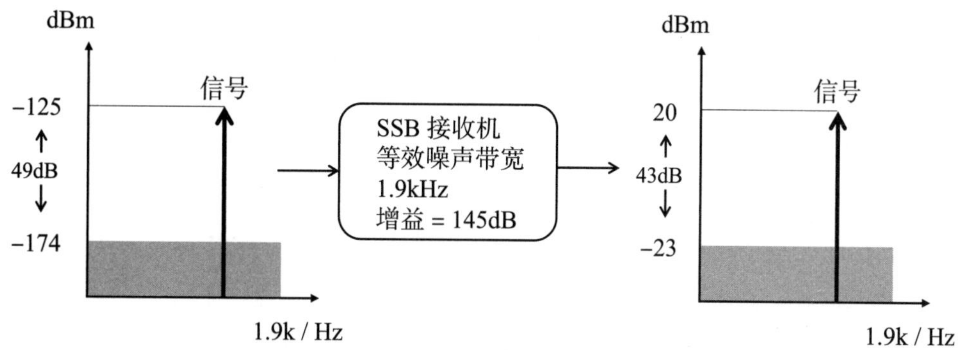

图2.17 SSB接收机的热噪声系数计算

SSB接收机输出时的SNR = 20dBm–（–23dBm（最小噪声等级）+10log1900（带宽的噪声增加量））≈10dB

因此SNR劣化了6dB，这台SSB接收机系统的噪声系数就是6dB。传感系统通常将放大器多级连接，逐渐放大信号。如图2.18所示，多级放大器的SNR和噪声系数NF_a计算如下：

$$SNR = \left(V_{\text{rms}} \cdot G_1 \cdot G_2 \cdot G_3 \cdots G_n\right)^2 \Bigg/ \left(\begin{array}{l}\left(n_1 \cdot G_1 \cdot G_2 \cdot G_3 \cdots G_n\right)^2 + \\ \left(n_2 \cdot G_2 \cdot G_3 \cdots G_n\right)^2 + \\ \left(n_3 \cdot G_3 \cdots G_n\right)^2 + \cdots + \\ \left(n_n \cdot G_n\right)^2\end{array}\right) \tag{2.20}$$

$$NF_a = NF_1 + \frac{NF_2 - 1}{G_1} + \frac{NF_3 - 1}{G_1 G_2} + \cdots + \frac{NF_n - 1}{G_1 G_2 \cdots G_{n-1}} \tag{2.21}$$

其中，$n_1, n_2, n_3, \cdots, n_n$是放大器的等效输入噪声。

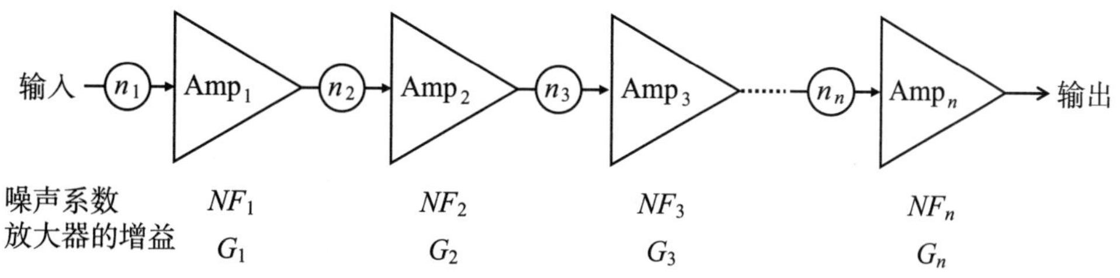

图2.18 多级放大器的噪声系数

V_{rms}是输入信号的有效值。初级放大器的噪声系数NF_1是最主要的噪声系数，因此初级放大器的低噪声化最为重要。

2.4　模拟电路的仿真方式

2.4.1　DC分析

分析模拟电路的性能需要进行各种仿真。首先必须确定模拟电路中的工作点（bias point）。需要分析包含非线性在内的晶体管的工作特性，确定CMOS晶体管的恒定栅源极电压（V_{gs}）和漏源极电流（I_{ds}）。这种确定工作点的方法称为DC分析。含非线性特征在内的电路分析以牛顿法为代表，需要反复进行矩阵计算，使解充分收敛，所以要花费大量计算时间。但是工作点只要计算一次即可，大大缩短了整体分析时间。

2.4.2　AC分析

确定模拟电路的工作点后，通过工作点的偏置电流可以得到晶体管的小信号等效电路（图2.19）。通过小信号等效电路可以求出电路的频率特性（传递函数）。这种分析方法称为AC分析。AC分析中的电路都被看成线性电路。线性化之后的电路中可以通过一阶矩阵计算求出一个输入频率对应的传递特性，从而快速求出特性。

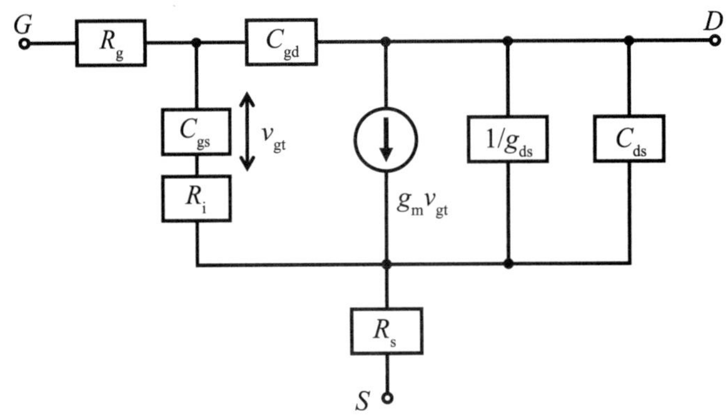

图2.19　MOS晶体管的小信号等效电路

2.4.3　噪声分析

用AC分析中的小信号等效电路模型和晶体管中产生的噪声模型进行的仿真就是噪声分析。CMOS晶体管的小信号等效电路中都附加了闪烁（$1/f$）噪声和热噪声模型。使用噪声分析可以求出出现在电路网中任意节点的噪声频谱特性。

2.4.4　瞬态分析

沿时间轴分析电子电路实际工作的仿真方式称为瞬态分析。这种分析中用到的晶体管模型并不是AC分析中的小信号等效电路模型，而是含非线性在内的大信号电路模型。瞬态分析将时间轴分割成极小的时间段，以计算下一个工作点。瞬态分析中，电容和电感等元件会被转换成电流源和电阻组成的等效电路，如图2.20所示，需要在每个时间段反复计算矩阵，以求出非线性电路的工作点，所以需要相当长的分析时间。瞬态分析中求出的输出含非线性特征，可以通过对输出信号进行FFT分析来检查失真特性。而且近年来噪声模型可以用于瞬态分析，信号的SNDR特性计算也不再是难事。

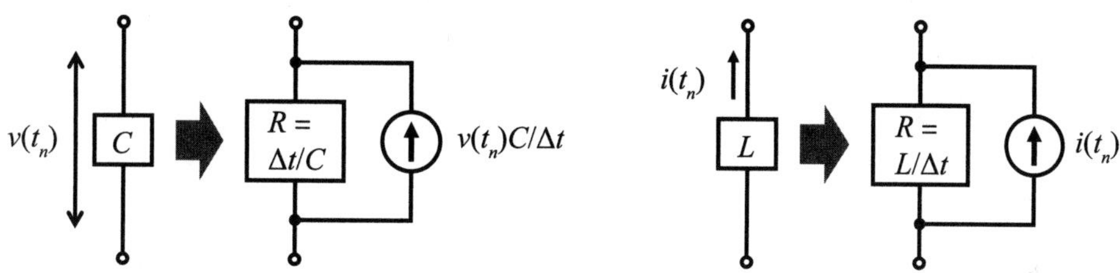

图2.20 电容和电感的等效电路

2.4.5 PSS、噪声、PAC分析

PSS（periodic steady-state，周期性稳态）分析和噪声分析是最新型电子电路分析方式。通过这些分析方式可以求出周期性工作电路的噪声特性、传递函数和失真特性。具体来说，可以计算出振荡器的相位噪声、开关电容电路和斩波放大器的传递函数、失真特性等。PSS分析可以计算周期性工作电路的每个相位的工作状态，通过与输入信号的卷积运算求出传递特性。因此要首先进行PSS分析，计算电路的每个相位的工作状态，然后进行相关分析。例如噪声分析能够求出相位噪声，PAC分析能够求出传递函数。

第3章
什么是高频电路

本章将介绍高频电路的基础知识。从广义上来说，高频电路是模拟电路的一部分，但其性质与普通低频模拟电路大不相同。我们首先讲解其中的不同，然后介绍理解高频电路所需的S参数和反射系数，同时讲解使用史密斯圆图的阻抗计算实例。

3.1　高频电路和模拟电路的不同

所谓高频电路，可以认为是所处理的信号波长比电路的配线长度或元件尺寸短，不能作为集总参数电路的电路网来描述电路的电路。假如用电路网描述图3.1左上的传输线路，即使将传输线路分成1000份来描述，也无法充分展示频率特性。

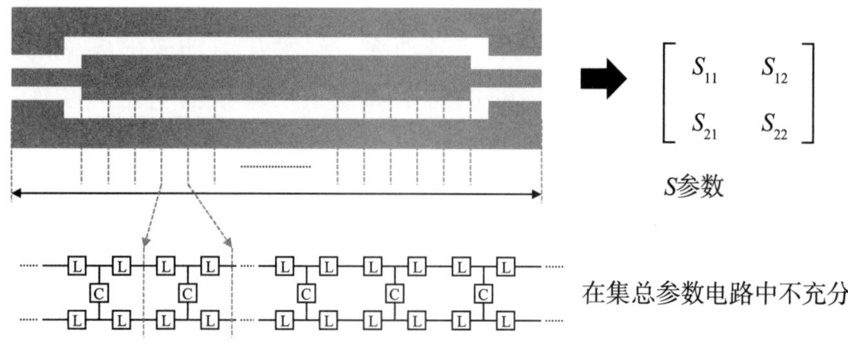

图3.1　高频电路的展示方法

高频电路也是线性电路，本应可以按照不同频率展示电路特性，但是高频电路与低频电路不同，波长较短，需要考虑到电路边界的波的反射。高频电路的性质类似光的特性。不仅如此，高频电路的阻抗不能为0，也不能无限大。

低频的模拟电路设计中没有必要深刻探讨信号的反射问题。但是高频电路中必须研究信号的反射，否则信号可能完全无法进入电路，甚至使电路无法工作。因此研究噪声和反射是高频电路设计中的两项要务。

众所周知，如图3.2上图所示，光会在折射率不同的两种物质的边界发生反射，高频信号如图3.2下图所示，也会在传输线路的特性阻抗不同的部分发生信

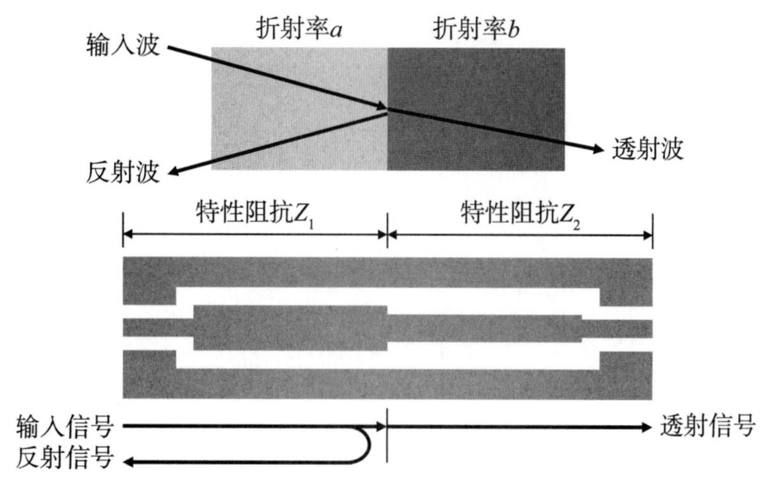

图3.2　高频电路和光的特性类比

号反射。因此有必要展示考虑到信号反射的频率特性。我们用能够计算信号反射的S参数展示电路特性。S参数也是一种频率特性，它能够充分展示各种频率特性，因此能够完整展示内部电路的特性。

3.2　S参数和反射系数

S参数能够定义每种输入电路的信号功率、每种反射功率的频率的关系。计算S参数的关键在于边界条件。电路的透射和反射功率根据电路两端连接的阻抗发生变化。

如图3.3所示，特性阻抗是50Ω的传输线路连接50Ω的终端电路时不会发生反射，但连接75Ω的终端电阻时则会发生反射。终端电阻（边界条件）的变化会引起反射条件的变化，因此提取出的S参数也会发生变化。也就是说，比较S参数时要统一边界条件中的特性阻抗。

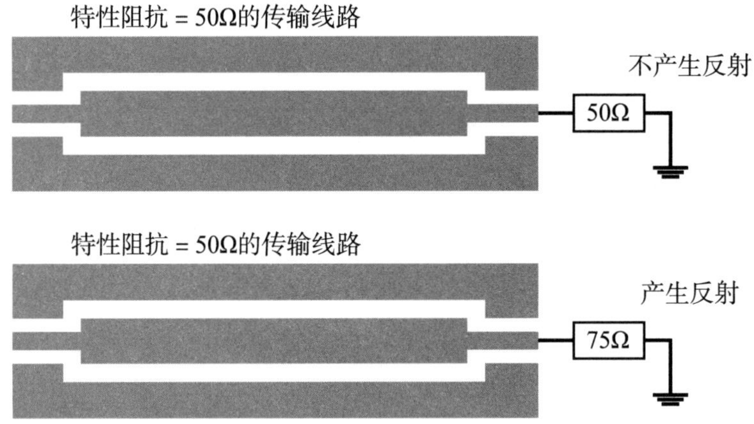

图3.3　不同边界条件下S参数不同

图3.4展示了与S参数相关的电气参数。S参数汇总了进出电路的每个频率的功率关系，因此可以用下式表示：

$$\begin{bmatrix} b_1 \\ \vdots \\ b_n \end{bmatrix} = \begin{bmatrix} S_{11} & \cdots & S_{1n} \\ \vdots & \ddots & \vdots \\ S_{n1} & \cdots & S_{nn} \end{bmatrix} \begin{bmatrix} a_1 \\ \vdots \\ a_n \end{bmatrix} \tag{3.1}$$

其中，a_x^2表示输入信号功率，b_x^2表示电路输出信号功率，定义如下：

$$a_n = \frac{V_{n+}}{\sqrt{z_0}} = I_{n+}\sqrt{z_0} \tag{3.2}$$

$$b_n = \frac{V_{n-}}{\sqrt{z_0}} = I_{n-}\sqrt{z_0} \tag{3.3}$$

如S参数中的S_{11}和S_{22}，S_{XX}这种对角元素表示各个端口的输入功率和输出功率的比，称为反射系数。反射系数和端口的输入阻抗一一对应，是一种非常重要的参数。

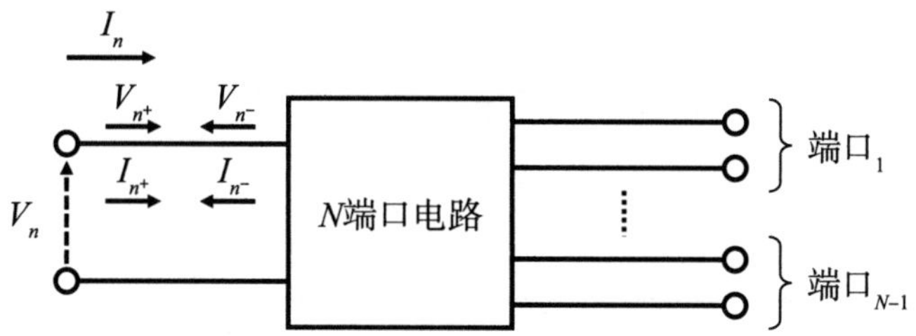

图3.4　S参数相关的电气参数

通过反射系数计算输入阻抗时通常要用到史密斯圆图。下面我们尝试在1端口电路中求反射系数（$S_{11}=\Gamma_1$）和输入阻抗的关系。图3.5中的1端口电路中，在满足匹配条件时设1端口电路的负载为Z_S，这时输出中没有反射波，只计算端口输入信号即可，因此输入的行波a_1计算如下：

$$V_{1+} = \frac{E_1}{2} = \frac{V_1 + Z_S I_1}{2} \tag{3.4}$$

$$I_{1+} = \frac{E_1}{2Z_S} = \frac{V_1 + Z_S I_1}{2Z_S} = \frac{V_{1+}}{2Z_S} \tag{3.5}$$

$$a_1 = \frac{V_{1+}}{\sqrt{Z_S}} = \sqrt{Z_S} \cdot I_{1+} = \frac{V_1 + Z_S I_1}{2\sqrt{Z_S}} \tag{3.6}$$

接下来按照式（3.3）中的定义计算b_1如下：

$$V_{1-} = V_1 - V_{1+} = \frac{V_1 - Z_S I_1}{2} \tag{3.7}$$

$$I_{1-} = I_{1+} - I_1 = \frac{V_1 + Z_S I_1}{2Z_S} = \frac{V_{1+}}{2Z_S} \tag{3.8}$$

$$b_1 = \frac{V_{1-}}{\sqrt{Z_S}} = \sqrt{Z_S} \cdot I_{1-} = \frac{V_1 - Z_S I_1}{2\sqrt{Z_S}} \tag{3.9}$$

根据求得的a_1和b_1计算$S_{11}=\Gamma_1$：

$$S_{11}=\frac{b_1}{a_1}=\frac{V_{1-}}{V_{1+}}=\frac{I_{1-}}{I_{1+}}=\frac{V_1-Z_S I_1}{V_1+Z_S I_1}=\frac{Z_{IN}-Z_S}{Z_{IN}+Z_S}=\Gamma_1 \tag{3.10}$$

$$Z_{IN}=\frac{1+S_{11}}{1-S_{11}}\cdot Z_S=\frac{1+\Gamma_1}{1-\Gamma_1}\cdot Z_S \tag{3.11}$$

由此可见，根据信号源阻抗Z_s和反射系数$S_{11}=\Gamma_1$可以计算出电路的输入阻抗。

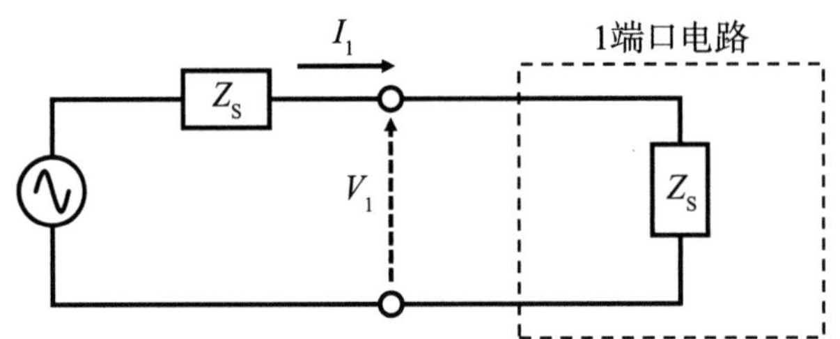

图3.5　1端口电路（满足匹配的条件）

3.3　反射系数和史密斯圆图

史密斯圆图是一种依据反射系数计算输入阻抗的阻抗计算或转换方法。如果在复平面上表示输入阻抗，则数值可能出现在整个右半平面的某处。由于包含无限大，需要展示的范围极大。因此，如果用Z_{IN}/Z_S表示反射系数的函数，则可以在限定范围内表示这个数值。也就是说，设$Z_{IN}/Z_S=r+jx$，反射系数的实部和虚部分别为Γ_r和Γ_i，就可以导出r、x、Γ_r和Γ_i之间的关系式：

$$\frac{Z_{IN}}{Z_S}=\frac{1+S_{11}}{1-S_{11}}=r+jx=\frac{1+\Gamma_1}{1-\Gamma_1}=\frac{1+\Gamma_r+j\Gamma_i}{1-\Gamma_r-j\Gamma_i} \tag{3.12}$$

$$r=\frac{1-\Gamma_r^2-\Gamma_i^2}{(1-\Gamma_r)^2+\Gamma_i^2} \tag{3.13}$$

$$x=\frac{2\Gamma_i}{(1-\Gamma_r)^2+\Gamma_i^2} \tag{3.14}$$

$$(\Gamma_r-1)^2+\left(\Gamma_i-\frac{1}{x}\right)^2=\left(\frac{1}{x}\right)^2 \tag{3.15}$$

$$\left(\Gamma_r-\frac{r}{r+1}\right)^2+\Gamma_i^2=\left(\frac{1}{r+1}\right)^2 \tag{3.16}$$

由此可知，输入归一化阻抗的实部r映射在反射系数平面上，是以$1/(r+1)$为半径，以坐标$(r/(r+1), 0)$为原点的圆，如图3.6所示。

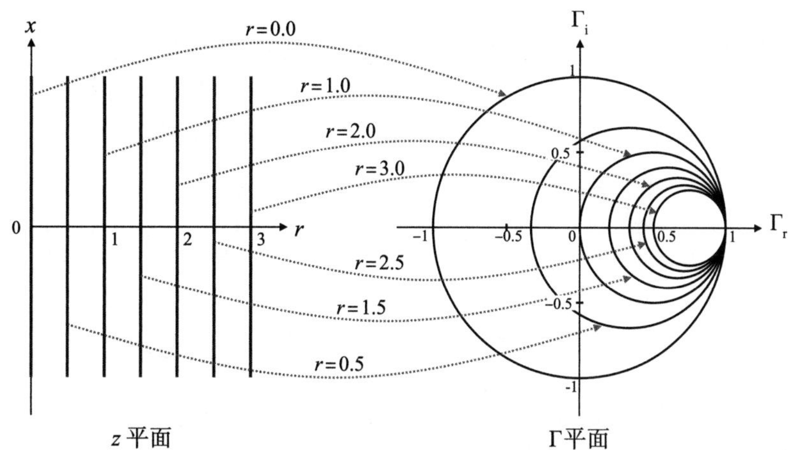

图3.6　归一化阻抗实部r的映射

同时，输入归一化阻抗的虚部x（归一化电抗）映射在反射系数平面上，是以$1/|x|$为半径，坐标$(1, 1/x)$为原点的圆，如图3.7所示。

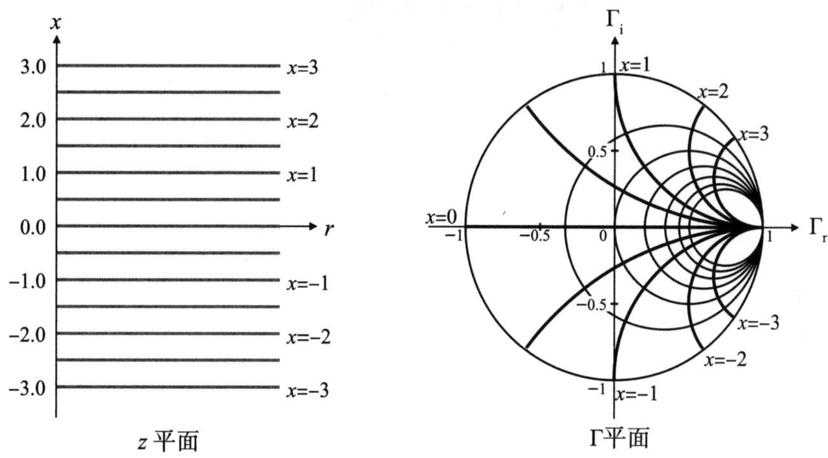

图3.7　归一化阻抗虚部X的映射

因此使用史密斯圆图可以简单地通过反射系数计算出对应的输入阻抗。相反，已知输入阻抗就可以计算出它对应的反射系数。

如图3.8所示，设信号源阻抗$Z_S = 50\Omega$，负载$Z_L = (30+j60)\Omega$，下面计算反射系数。这时归一化阻抗是$0.6+j1.2$，根据史密斯圆图，$r = 0.6$的圆和$x = 1.2$的电抗圆的交点就是反射系数的值，即反射系数$\Gamma_1 = 0.2+j0.6$。通常史密斯圆图会展示数值，只要找到数值就得到反射系数了。

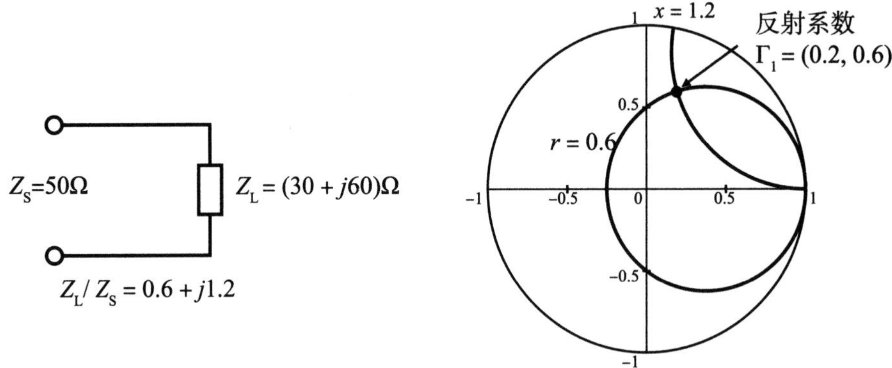

图3.8　通过史密斯圆图计算反射系数

接下来思考为负载增加传输线路的情况。图3.9中的传输线路的输入阻抗和反射系数如下式所示：

$$Z_{IN} = \frac{V(z)}{I(z)} = \frac{e^{j\beta z} + \Gamma e^{-j\beta z}}{e^{j\beta z} + \Gamma e^{-j\beta z}} Z_S = Z_S \frac{Z_L + jZ_S \tan \beta Z}{Z_S + jZ_L \tan \beta Z} \tag{3.17}$$

$$\begin{aligned}\Gamma(z) &= \frac{Z_{IN} - Z_S}{Z_{IN} + Z_S} = \frac{Z_L - Z_S}{Z_L + Z_S} \cdot \frac{1 - j\tan \beta Z}{1 + j\tan \beta Z} \\ &= \Gamma_0 \frac{1 - j\tan \beta Z}{1 + j\tan \beta Z} = \Gamma_0 e^{(-2j\beta Z)} = \Gamma_0 e^{\left(-j\frac{4\pi Z}{\lambda}\right)}\end{aligned} \tag{3.18}$$

从上式可知，连接传输线路时的反射系数与不连接传输线路时的反射系数Γ_0相比，相位转动了$\exp(-j4\pi Z/\lambda)$。

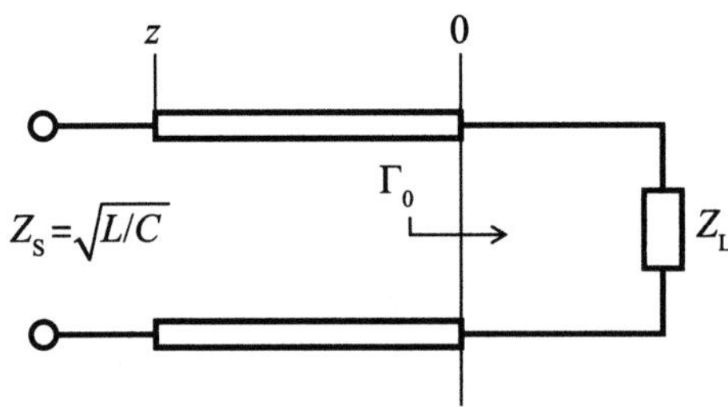

图3.9　传输线路的阻抗和反射系数

也就是说，反射系数的相位旋转了电长度的半个周期。如图3.10所示，我们研究了连接电长度为(4/15)λ的传输线路时阻抗的变化。

因为传输线路的阻抗会旋转电长度的半个周期，所以连接(4/15)λ的传输线路时相位会旋转(4/15)/0.5 × 360 = 192°。因此Γ_1表示的反射系数矢量以反射系数平面的原点为中心顺时针旋转192°。这样反射系数就会移动到Γ_{1d}点。Γ_{1d}

是$-0.32-j0.55$。这时$r=0.29$，从史密斯圆图上找到$x=-0.53$，与信号源阻抗相乘即可计算出输入阻抗值为$(14.5+j26.5)\Omega$。

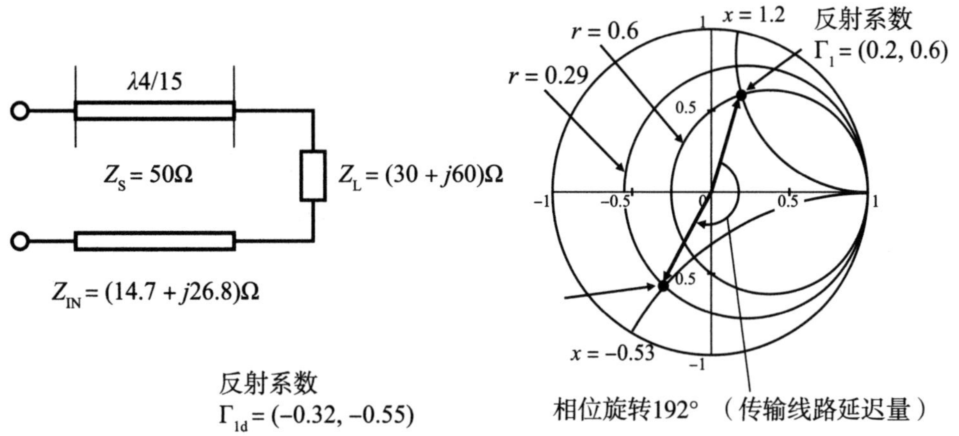

图3.10 连接传递线路时的阻抗计算

近年来，随着设计工具和算式处理工具的发展，数值计算本身越来越简单，史密斯圆图的重要性越来越低，但它仍然是直观上避开反射系数和阻抗的复杂计算的十分出色的转换方法。下面我们再来介绍几个使用史密斯圆图的计算方法。

3.4 阻抗圆图和导纳圆图

史密斯圆图除了使阻抗和反射系数相互对应，也可以使导纳和反射系数相对应。图3.11中的导纳圆图恰好对应旋转180°的阻抗圆图。

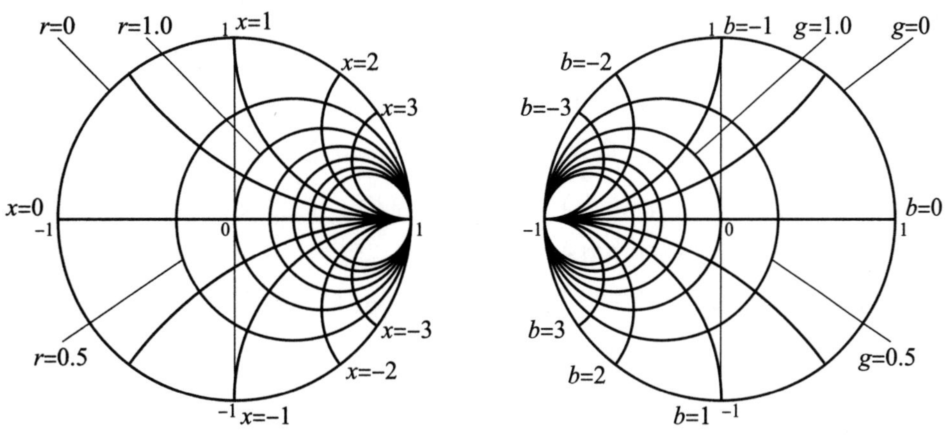

图3.11 阻抗圆图（左）和导纳圆图（右）的关系

也就是说，使用导纳圆图不仅能够串联负载，还可以轻松地并联负载。如20Ω和800pF串联的元件作为负载时，尝试并联10MHz时的阻抗。这时负载阻抗Z_L

= (20–j20)Ω。因此如果信号源阻抗是50Ω，则归一化阻抗为0.4–j0.4。从图3.12的导纳圆图中可以看出，这个点可以变换到电导g为1.25，电纳b为1.25的点。

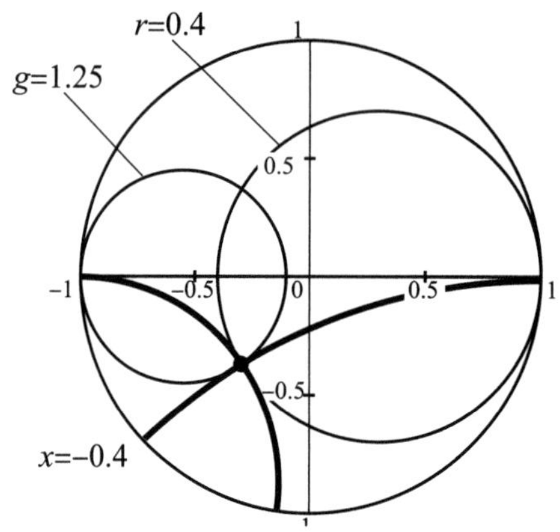

图3.12　负载阻抗的串并联转换方法（1）

只要在史密斯圆图上同时标出阻抗和导纳，像上文一样读取出变换地点的阻抗和导纳即可。如果圆图上只标有阻抗，如图3.13所示，将反射系数矢量旋转180°，所指地点的阻抗值就代表导纳值。

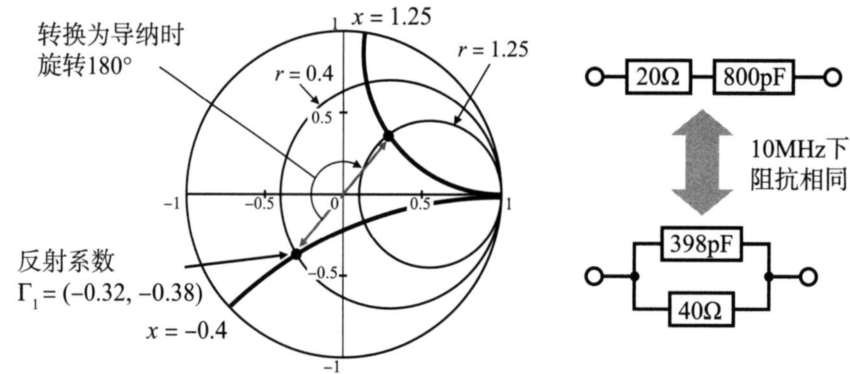

图3.13　负载阻抗的串并联转换方法（2）

从结果来看，归一化电导为1.25，回到原题，1.25 × 0.02[S] = 0.025[S] = 40Ω，电纳也同样是j1.25 × 0.02[S] = j0.025[S]。因为$C = b/2\pi f = 0.025/2\pi/10\text{M}$，因此计算得到$C$ = 398pF。所以要想使20Ω和800pF的串联元件与10MHz时的阻抗相同，应该转换为40Ω和398pF并联。

3.5 阻抗匹配

通过史密斯圆图可以更加直观地理解应该对负载阻抗增加什么样的电路才能实现阻抗匹配。为此，我们有必要理解反射系数矢量在史密斯圆图上如何变化。

图3.14和图3.15分别展示了串联和并联的反射系数怎样根据电容和电感的变化而变化。连接图3.14(a)的串联电容和图3.15(a)的并联电感时，频率越大，电抗值和电纳值越小，所以实际增加元件时要注意矢量的移动方向与轨迹方向相反。

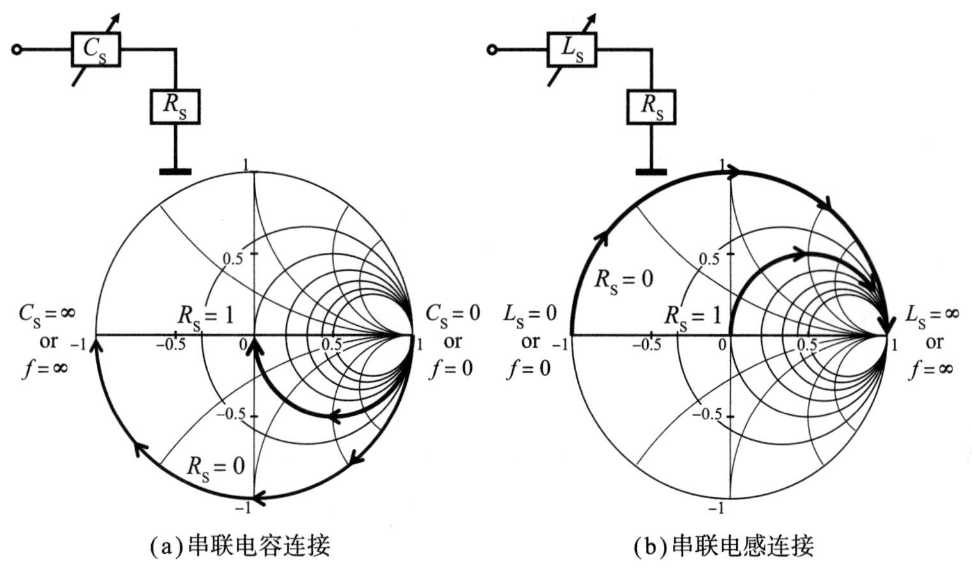

(a)串联电容连接　　(b)串联电感连接

图3.14　串联电容和电感变化时史密斯圆图上的轨迹

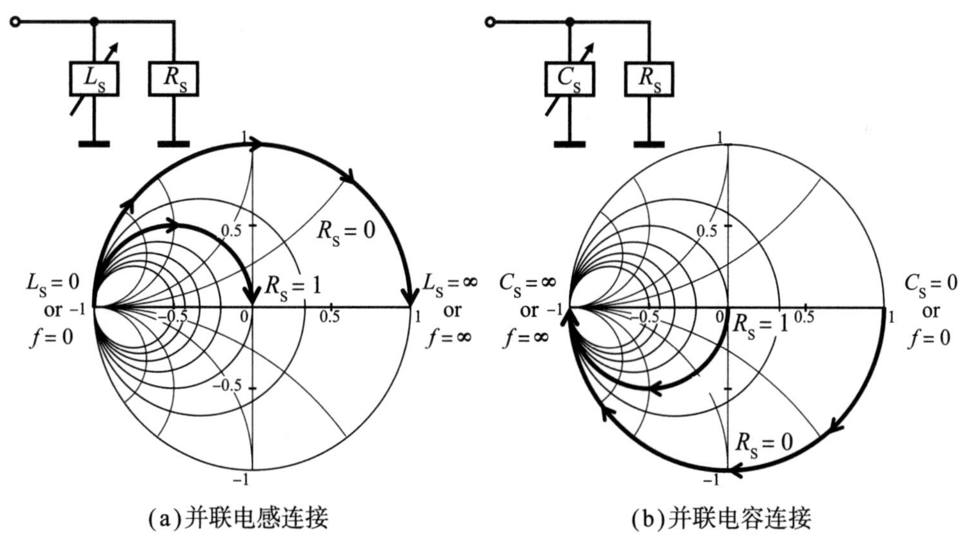

(a)并联电感连接　　(b)并联电容连接

图3.15　并联电容和电感变化时史密斯圆图上的轨迹

下面我们来思考上述轨迹因素影响下，该如何实际对负载进行阻抗匹配。如图3.16左上图所示，负载阻抗在100MHz时是$(20-j10)\Omega$。为了匹配50Ω负载，应该增加怎样的匹配电路呢？匹配的关键在于以史密斯圆图的中心为目标，使反射系数为0。

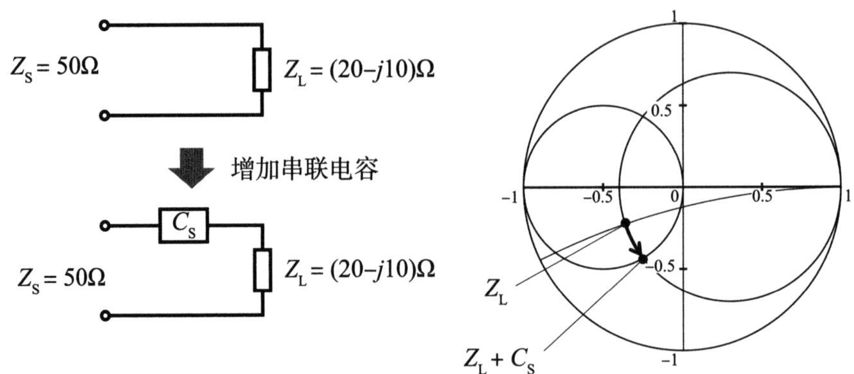

图3.16　阻抗匹配的过程（1）

如图3.16左下部分所示，首先增加串联电容C_S，然后如图3.14(a)所示，从初期反射系数$Z_L = 0.4-j0.2$的点沿0.4的等电阻圆逆时针方向转动，移动到归一化电导$g = 1.0$的等电导圆的交点(Z_L+C_S)。接下来如图3.17的左上部分所示，插入并联电感。这时反射系数矢量沿$g = 1.0$的等电导圆逆时针转动。因此只要选对了电感值，就可以将矢量移动到反射系数 = 0的原点。

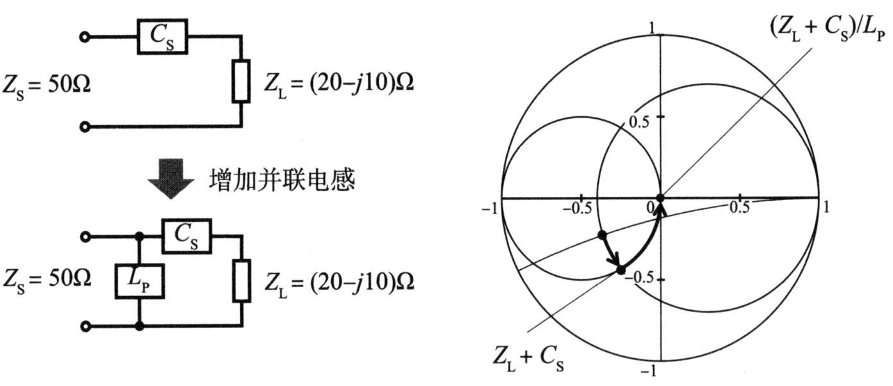

图3.17　阻抗匹配过程（2）

如上文所述，我们已经找到了匹配所需的电路形式，接下来要思考实际应该插入的串联电容C_S和并联电感L_P的值。如图3.18所示，通过史密斯圆图可以读取Z_L+C_S点的电抗是-0.49。即可知Z_L点的电抗从-0.2只变化了-0.29。因此可以根据电抗确定C_S值。也就是说，$1/(2\pi fC_S) = 0.29 \times 50\Omega$，所以$C_S = 1/(2\pi 100\text{M} \times 0.29 \times 50) = 110\text{pF}$。

同理也可以求出并联电感L_P的值。如图3.19所示，在史密斯圆图上可以在Z_L+C_S的点上读取L_P的电纳值为1.225。匹配点的电纳值当然是0，根据电纳值增加-1.225确定L_P的值。即根据$1/(2\pi fL_P) = 1.225 \times 1.50[\text{S}]$可以计算出$L_P = 50/(2\pi 100\text{M} \times 1.225) = 65\text{nH}$。

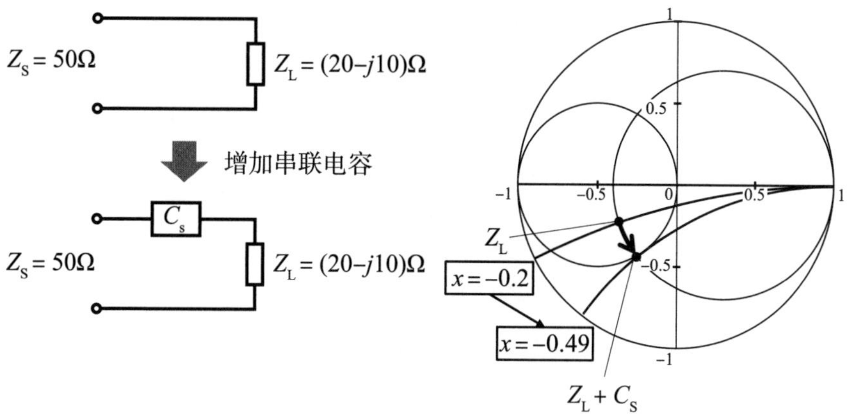

图3.18　阻抗匹配过程（3）

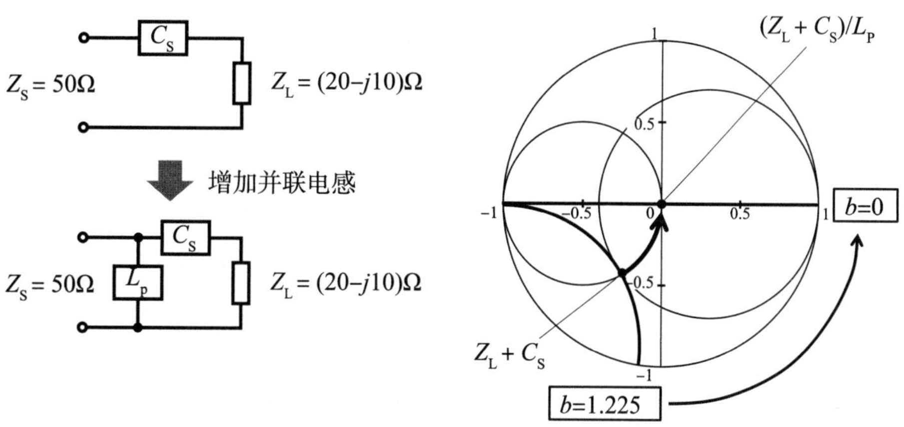

图3.19　阻抗匹配过程（4）

图3.20展示了插入阻抗匹配电路时反射系数的频率特性。这时频率变化范围为10MHz到100MHz。从匹配电路1中可以看出，随着频率越来越接近

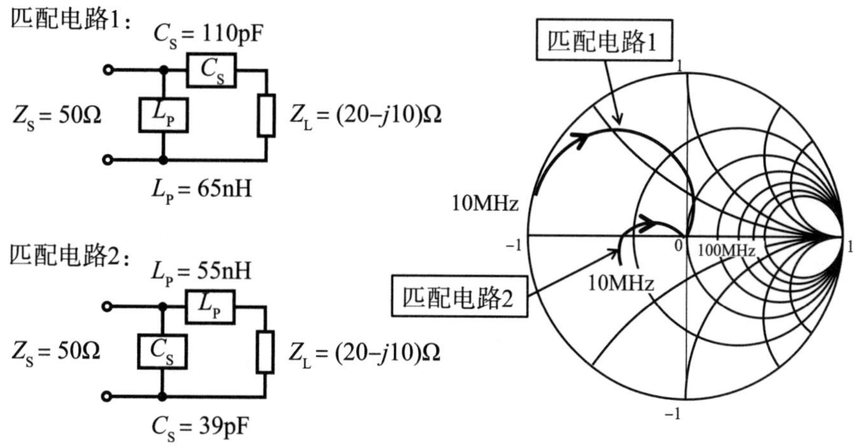

图3.20　阻抗匹配电路的检验

100MHz，阻抗从0越来越接近50Ω。此外还有串联电感和并联电容进行阻抗匹配的方式，如图3.20的匹配电路2所示。数值的计算方法与之前讲解的内容相同，在此就不赘述了。在匹配电路2中，10MHz时阻抗与原来的负载Z_L相同，随着频率越来越接近100MH，阻抗也越来越接近50Ω。

3.6　二端口电路的稳定性

高频电路无法通过分析电路网获得稳定性，因此我们需要通过分析测量出的S参数来判断其稳定性。

图3.21展示了分析稳定性时二端口电路的参数。为了使此二端口电路稳定，在考虑到所有负载变动的因素下，反射系数Γ_{IN}和Γ_{OUT}的绝对值均为1以下。也就是说，无条件稳定的条件是：

（1）$|\Gamma_L|<1$的所有Γ_L（负载条件：Z_L）对应$|\Gamma_{IN}|<1$。

（2）$|\Gamma_S|<1$的所有Γ_S（负载条件：Z_S）对应$|\Gamma_{OUT}|<1$。

因此稳定和不稳定的界限在于$|\Gamma_{IN}| = 1$和$|\Gamma_{OUT}| = 1$。其中$|\Gamma_{IN}|$和$|\Gamma_{OUT}|$计算如下：

$$|\Gamma_{IN}|=\left|S_{11}+\frac{S_{12}S_{21}\Gamma_L}{1-S_{22}r_L}\right|=\left|\frac{S_{11}-r_L\Delta}{1-S_{22}r_L}\right| \tag{3.19}$$

$$|r_{OUT}|=\left|S_{22}+\frac{S_{12}S_{21}r_S}{1-S_{11}r_S}\right|=\left|\frac{S_{22}-r_S\Delta}{1-S_{11}r_S}\right| \tag{3.20}$$

其中，

$$\Delta=S_{11}S_{22}-S_{12}S_{21} \tag{3.21}$$

从上式中需要找到$|\Gamma_{IN}| = 1$和$|\Gamma_{OUT}| = 1$的界限。转换式比较烦琐，在此省略，界限用圆来表示。

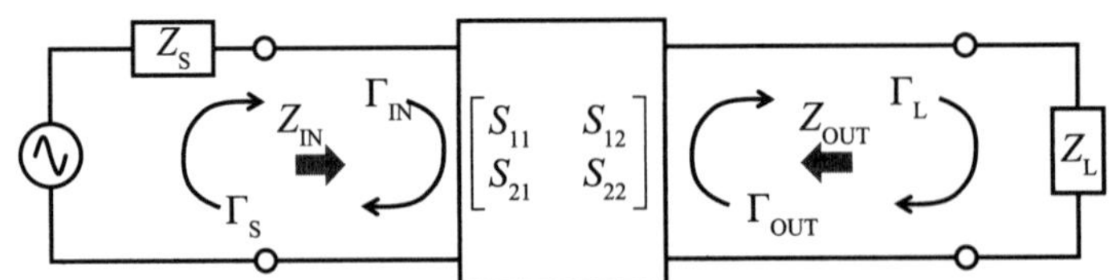

图3.21　用于稳定性分析的二端口电路参数

满足$|\Gamma_{IN}| = 1$的圆称为输入稳定圆，到中心点的矢量和圆的半径分别用C_S和

R_S表示。相对应的，满足$|\Gamma_{OUT}| = 1$的圆称为输出稳定圆，到中心点的矢量和圆的半径分别用C_L和R_L表示（图3.22）。

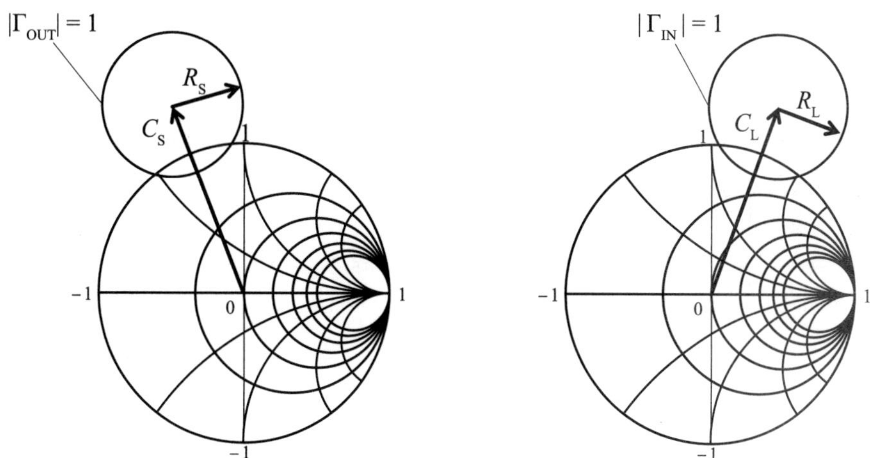

图3.22 输入稳定圆和输出稳定圆

在能够求出输入稳定圆和输出稳定圆的情况下，需要判断每个区域是否稳定。图3.23和图3.24分别展示了其稳定区域。

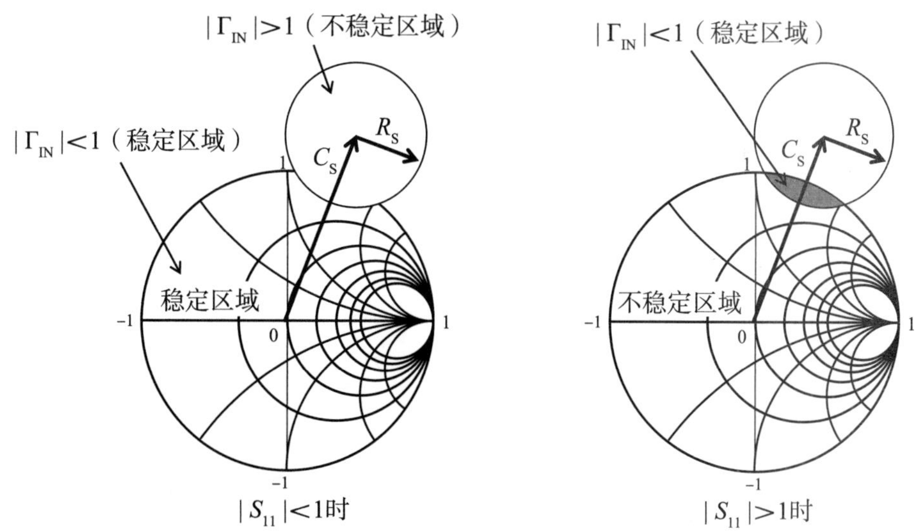

图3.23 输入稳定圆的稳定性判断

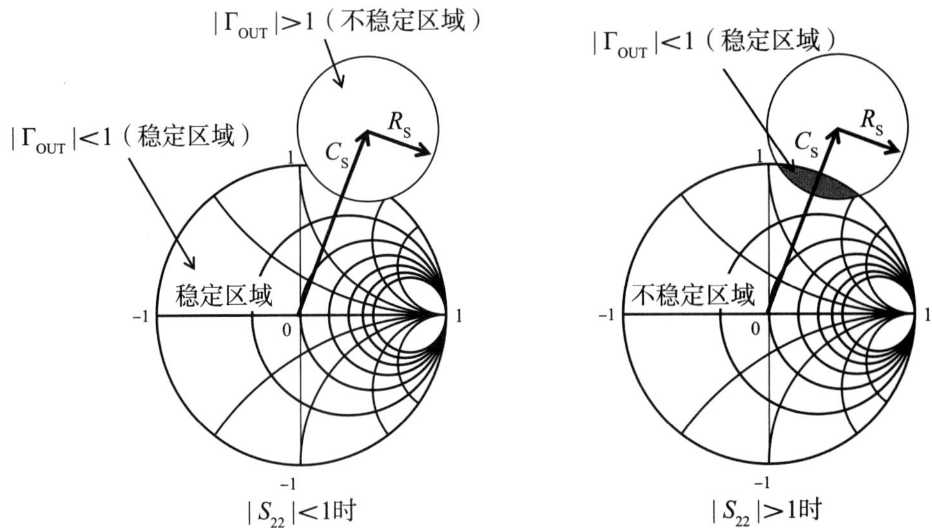

图3.24　输出稳定圆的稳定性判断

需要注意的是，S_{11}和S_{22}的绝对值大于1或小于1时，稳定区域不同。二端口电路中，满足$|\Gamma_S|<1$或$|\Gamma_L|>1$时，无论电路连接任何负载都处于稳定状态，此电路为无条件稳定。如果史密斯圆图和稳定圆在某处交叉，则会产生不稳定区域，电路并非无条件稳定。因此稳定圆和史密斯圆图的外周不交叉是无条件稳定的必要条件。这时史密斯圆图内部不产生不稳定区域的组合有两种情况，如图3.25所示。

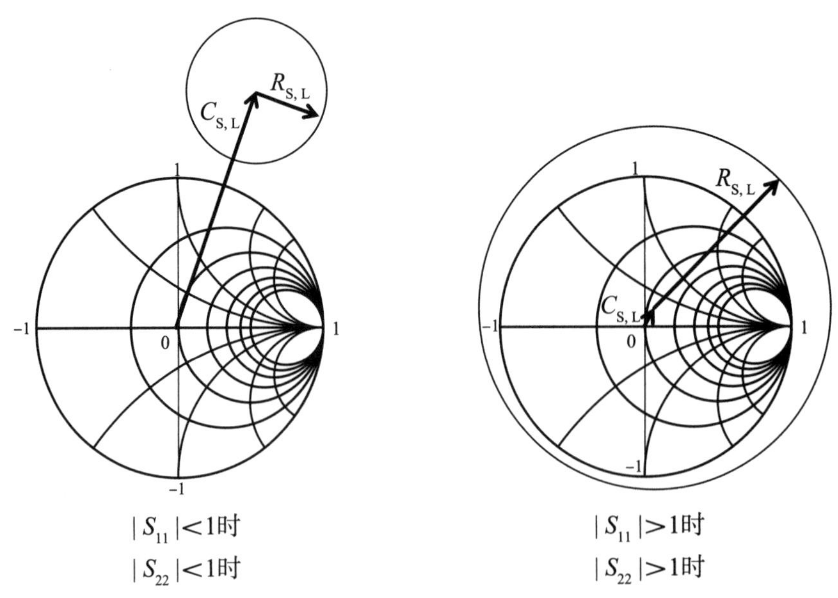

图3.25　无条件稳定条件下史密斯圆图和稳定圆的关系

我们实际看一下满足这两种情况时的晶体管参数。以2SC5509和2SC5745两种晶体管为例，2SC5509的S参数用touchstone格式表示，如表3.1所示。

表 3.1　2SC5509 的 S 参数

Hz S MA R 50

Freq. (Hz)	S_{11} (Mag.)	S_{11} (Ang.)	S_{21} (Mag.)	S_{21} (Ang.)	S_{12} (Mag.)	S_{12} (Ang.)	S_{22} (Mag.)	S_{22} (Ang.)
100000000	0.79	−28.2	14.75	161.9	0.03	72.3	0.93	−19.5
200000000	0.75	−53.3	13.32	147	0.05	60.2	0.84	−35.9
300000000	0.73	−74.8	11.81	134.8	0.07	50.9	0.74	−49.6
400000000	0.71	−92.9	10.4	124.5	0.08	42.8	0.65	−61.4
500000000	0.69	−108.1	9.18	116	0.09	36.7	0.58	−71.5
600000000	0.68	−121	8.15	108.6	0.09	31.7	0.51	−80.4
700000000	0.67	−132	7.28	102.3	0.1	27.8	0.46	−88.6
800000000	0.67	−141.6	6.55	96.6	0.1	24.7	0.42	−96.2
900000000	0.67	−149.9	5.94	91.5	0.1	21.8	0.38	−103.3
1000000000	0.67	−157.3	5.42	86.9	0.1	19.7	0.35	−110.1
1100000000	0.67	−164	4.97	82.6	0.11	17.7	0.33	−116.6
1200000000	0.67	−170	4.59	78.6	0.11	16	0.31	−123
1300000000	0.67	−175.5	4.25	74.9	0.11	14.6	0.3	−129.1
1400000000	0.67	179.5	3.96	71.3	0.11	13.4	0.29	−134.9
1500000000	0.68	174.7	3.7	67.9	0.11	12.3	0.28	−140.6
1600000000	0.68	170.4	3.47	64.6	0.11	11.3	0.27	−146.1
1700000000	0.69	166.2	3.26	61.4	0.11	10.4	0.27	−151.4
1800000000	0.69	162.4	3.07	58.4	0.11	9.6	0.27	−156.5
1900000000	0.69	158.8	2.9	55.5	0.11	8.9	0.27	−161.2
2000000000	0.7	155.2	2.74	52.6	0.11	8.4	0.27	−165.8
2100000000	0.71	152.2	2.6	49.8	0.11	7.7	0.27	−170.2
2200000000	0.71	148.9	2.47	47.1	0.11	7	0.27	−174.2
2300000000	0.72	146	2.35	44.4	0.11	6.5	0.28	−178.1
2400000000	0.72	143.3	2.24	41.8	0.11	6	0.28	178.2
2500000000	0.72	140.4	2.14	39.2	0.11	5.5	0.29	174.6
2600000000	0.73	137.9	2.03	36.7	0.11	4.8	0.29	170.4
2700000000	0.72	135.3	1.93	34.4	0.11	4.9	0.3	165.9

touchstone格式常被用作测量S参数的输出文件格式。#Hz S MA R 50表示格式的形式，Hz在#后面时表示第一列是频率（Hz）。S参数的顺序为S_{11}，S_{21}，S_{12}，S_{22}，每两列排列在一起。MA表示极点坐标，S参数的第1列表示振幅大小（通常表示增益），第2列表示实轴和D参数的矢量角度。我们来看一下1GHz下的输出稳定圆和输入稳定圆。如图3.26所示，分别计算C_L、R_L、C_S、R_S。在史密斯圆图内侧、稳定圆外侧有反射系数的负载条件下，可以保证稳定性，即有条件稳定。

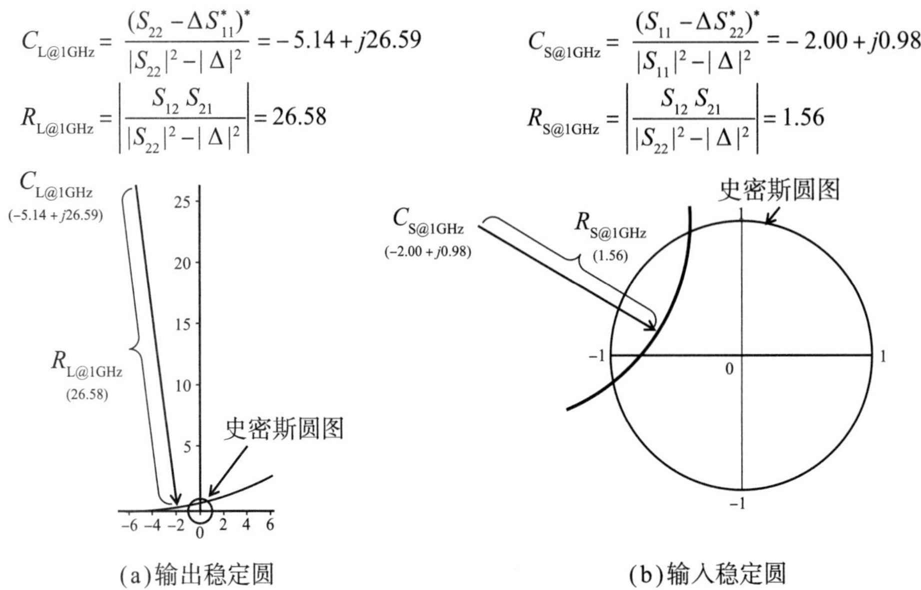

图3.26　2SC5509的输入输出稳定圆计算示例

接下来我们用2SC5745的S参数检查稳定性。2SC5745的S参数用touchstone格式表示，如表3.2所示。

表 3.2　2SC5745 的 S 参数

Hz S MA R 50

Freq. (Hz)	S_{11} (Mag.)	S_{11} (Ang.)	S_{21} (Mag.)	S_{21} (Ang.)	S_{12} (Mag.)	S_{12} (Ang.)	S_{22} (Mag.)	S_{22} (Ang.)
100000000	0.514	−97.2	29.574	126	0.026	61.4	0.587	−52.3
200000000	0.471	−134.3	17.328	106.8	0.036	57.6	0.351	−69.6
300000000	0.467	−151.3	12.058	97.4	0.046	61.2	0.246	−77.2
400000000	0.463	−160.9	9.163	91.8	0.055	64.1	0.188	−83.1
500000000	0.463	−168	7.422	87.1	0.066	65.9	0.152	−86.8
600000000	0.467	−173	6.211	83.6	0.076	67.2	0.128	−93.3
700000000	0.471	−176.9	5.356	80.2	0.087	67.8	0.112	−97.4
800000000	0.476	179.6	4.697	77.3	0.098	68.4	0.1	−105.6
900000000	0.48	176.9	4.209	74.3	0.11	68.5	0.094	−111.2
1000000000	0.487	174	3.799	71.8	0.12	68.3	0.09	−120.7
1100000000	0.49	172	3.475	69.1	0.131	68.1	0.089	−126.4
1200000000	0.499	169.7	3.202	66.7	0.143	67.7	0.089	−135.8
1300000000	0.501	167.7	2.969	64.2	0.154	67.2	0.092	−140.2
1400000000	0.506	165.7	2.779	61.8	0.165	66.8	0.094	−148.4
1500000000	0.514	164.2	2.597	59.3	0.175	65.9	0.1	−152.2
1600000000	0.52	161.9	2.447	57.2	0.187	65.4	0.105	−159.9
1700000000	0.526	160.2	2.312	55.1	0.198	64.7	0.113	−163.3

续表 3.2

Hz S MA R 50

Freq. (Hz)	S_{11} (Mag.)	S_{11} (Ang.)	S_{21} (Mag.)	S_{21} (Ang.)	S_{12} (Mag.)	S_{12} (Ang.)	S_{22} (Mag.)	S_{22} (Ang.)
1800000000	0.534	158.1	2.191	52.9	0.209	64	0.12	–169.5
1900000000	0.541	156.3	2.085	50.8	0.22	62.8	0.131	–171.8
2000000000	0.55	154.2	1.985	48.4	0.231	62	0.14	–176.7
2100000000	0.557	153.1	1.91	46.4	0.241	61.2	0.152	–178.4
2200000000	0.567	151.8	1.831	44.3	0.252	60.4	0.16	177.5
2300000000	0.572	150.3	1.749	42.2	0.262	59.5	0.173	176.3
2400000000	0.579	148.5	1.69	40.3	0.272	58.6	0.182	172.8
2500000000	0.585	147.3	1.63	38.5	0.281	57.7	0.194	171.1
2600000000	0.593	145.5	1.572	36.6	0.292	56.7	0.201	168.3
2700000000	0.597	144.4	1.518	34.8	0.301	55.9	0.214	166.7
2800000000	0.602	142.9	1.467	33.3	0.309	55.3	0.222	164.7
2900000000	0.608	141.9	1.435	31.3	0.318	54.7	0.236	164.3
3000000000	0.609	140.3	1.408	30.2	0.328	54.1	0.244	162
4000000000	0.678	130.4	1.116	16.7	0.423	42.8	0.369	146.2
5000000000	0.73	119.1	0.896	6.1	0.487	33.1	0.481	133.3

同理，通过S参数求输入输出稳定圆，计算方法如图3.27所示。

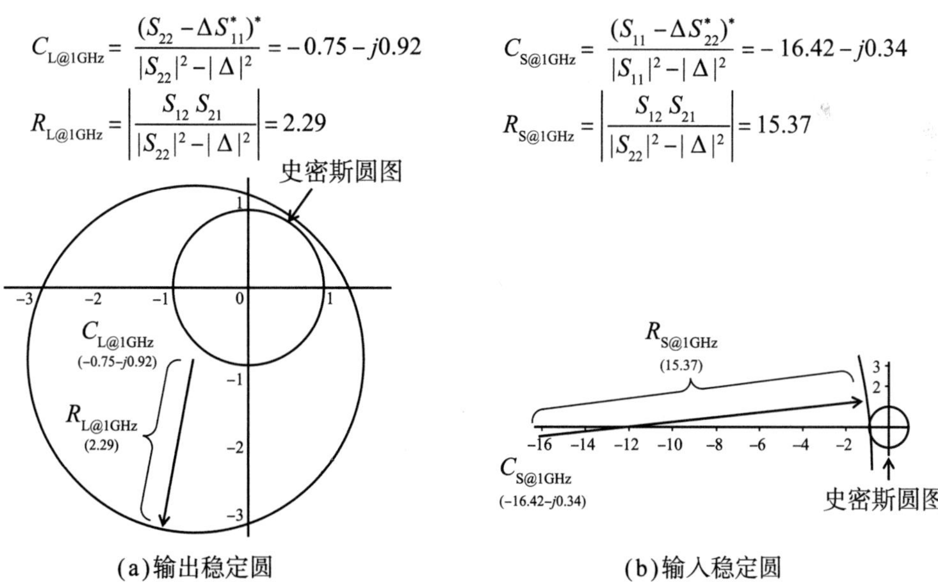

(a)输出稳定圆　　(b)输入稳定圆

图3.27　2SC5745的输入输出稳定计算示例

这时史密斯圆图完全处于输出稳定圆内部。而且输入稳定圆和史密斯圆图不重叠，由此可知这时满足无条件稳定条件。可以这样画出稳定圆来求稳定区域和条件，同时人们也在探讨判断无条件稳定的算式。也就是说，如果下文中被称为

K的系数大于1，而且$|S_{11}S_{22}-S_{12}S_{21}|<1$，则二端口电路无条件稳定。常见的晶体管放大器都满足$|S_{11}S_{22}-S_{12}S_{21}|<1$，因此只要$K$系数大于1就满足无条件稳定。

$$\begin{aligned}K&=\frac{1-|S_{11}|^2-|S_{22}|^2+|S_{11}S_{22}-S_{12}S_{21}|^2}{2|S_{12}S_{21}|}\\&=\frac{1-|S_{11}|^2-|S_{22}|^2+|\Delta|^2}{2|S_{12}S_{21}|}>1\end{aligned} \tag{3.22}$$

图3.28展示了上述两个晶体管对K系数的频率依赖性。2SC5745在1GHz时大于1，满足绝对稳定条件。而2SC5509约为0.5，所以需要提高工作频率才可以达到绝对稳定条件。

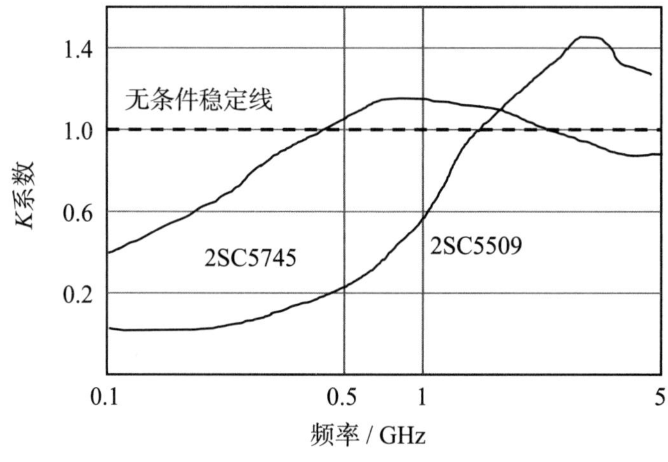

图3.28　K系数的计算结果

3.7　二端口电路的增益

在上一节中，我们讲解了如何判断二端口电路的稳定性，下面我们来介绍如何计算二端口电路的功率增益。我们通常希望在高频电路中得到最大功率增益，所以要在输入输出端口插入匹配电路来进行共轭匹配，从而获得功率增益。达到输入输出匹配的状态下测量的功率称为最大有效功率（maximum available gain，MAG）。$MAG=G_{a(max)}$可以用K系数表示为

$$G_{a(max)}=MAG=\frac{\left|\dfrac{y_{21}}{y_{12}}\right|}{x-\sqrt{x^2-1}}=\left|\frac{S_{21}}{S_{12}}\right|\cdot\left(K-\sqrt{K^2-1}\right) \tag{3.23}$$

K系数小于1时无法定义MAG。也就是说，输入输出无法同时达到共轭匹

配。这时将MAG中$K = 1$时的值定义为最大稳定增益（maximum stable gain，MSG），因此

$$MSG = \left|\frac{S_{21}}{S_{12}}\right| = \left|\frac{y_{21}}{y_{12}}\right| \tag{3.24}$$

在实际电路中，$K<1$时要使匹配电路产生损耗，因而令$K = 1$。这时要测量S_{21}和S_{12}的比。S_{12}表示晶体管的反馈量，所以S_{12}越小，MSG越大，即使S_{21}很大，电路也不易产生振荡。我们需要查明MSG与实际功率增益的关系。实际的功率增益是供给负载的功率和从信号源获得的功率的比，通常用GT表示：

$$GT = |S_{21}|^2 \frac{\left(1-|\Gamma_S|^2\right)\left(1-|\Gamma_L|^2\right)}{\left|(1-S_{11}\Gamma_S)(1-S_{22}\Gamma_L)-S_{12}S_{21}\Gamma_S\Gamma_L\right|^2} \tag{3.25}$$

输入输出实现匹配后，反射系数Γ_S和Γ_L为0时，$GT = |S_{21}|^2$。因此$|S_{12}|>1$时，实际增益高于最大稳定增益，有可能导致电路不稳定。图3.29总结了放大电路增益相关的参数及其含义。放大电路有条件稳定（$K<1$）时，MSG是判断电路稳定性的标准。

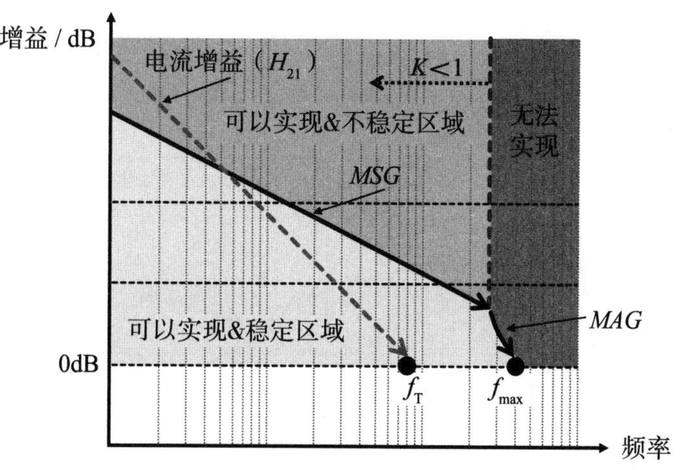

图3.29 放大电路增益相关的参数及其含义

图3.30展示了实际二端口放大电路的各种增益参数的仿真结果。$K<1$时无法定义MAG，因此使用MSG。

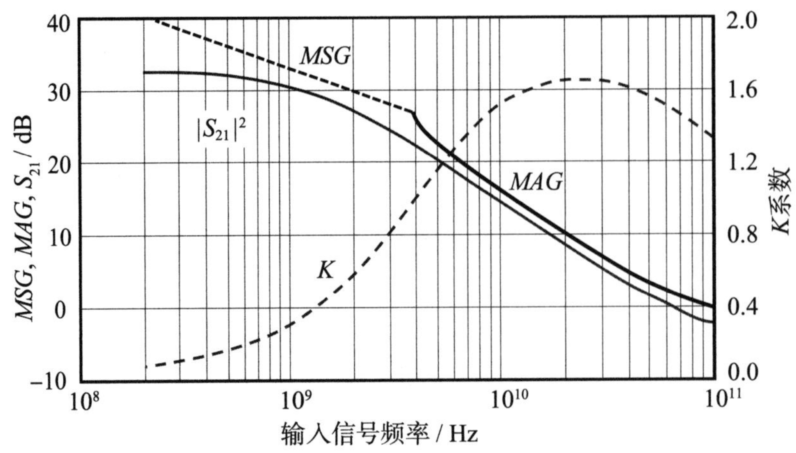

图3.30　放大电路的各种增益计算示例

输入输出达成匹配之后，MAG和MSG会大于$|S_{21}|^2$，但数值相近。如果未达到匹配，则$|S_{21}|^2$的值小于MAG和MSG。实际放大电路中需要供给功率的偏置电路。偏置电路只需提供偏置电流，因此要减小DC中的阻抗，并增加其他频率的阻抗。实际的偏置电路通常会连接寄生电感或电容，阻抗较复杂。因此这时的增益特性会比图3.30更复杂，图3.31就展示了这类特性。这时可以看出在MAG和$|S_{21}|^2$相近的4～10GHz附近达到匹配，实现了理想放大。而在200MHz的低频区域内，$|S_{21}|^2$超过MSG，寄生效应可能引起振荡，因此需要采取防振荡措施。综上所述，通过比较$|S_{21}|^2$、MSG和MAG，能够判断出匹配和振荡条件。

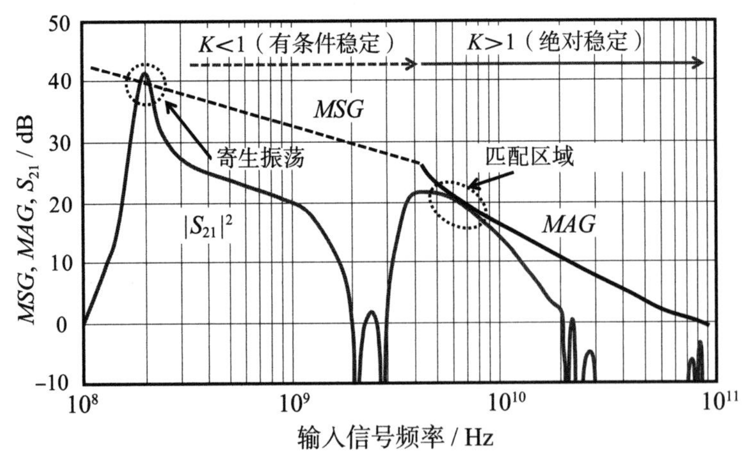

图3.31　考虑到偏置电路的寄生效应因素的增益计算结果

第4章 模拟滤波器的设计方法

为了在电子电路中去除无用信号，只放大有用信号，需要用滤波器过滤信号。无线系统接收的信号中，无用信号常常大于接收的信号，我们必须用模拟滤波器去除信号的无用成分。模拟滤波器无须使用有源元件，只由电感、电容、电阻组成，所以此类研究起步较早，电路理论十分完善。本章主要介绍模拟滤波器的典型结构及其设计方法。

4.1 模拟滤波器的传递函数

理想滤波器如图4.1所示。

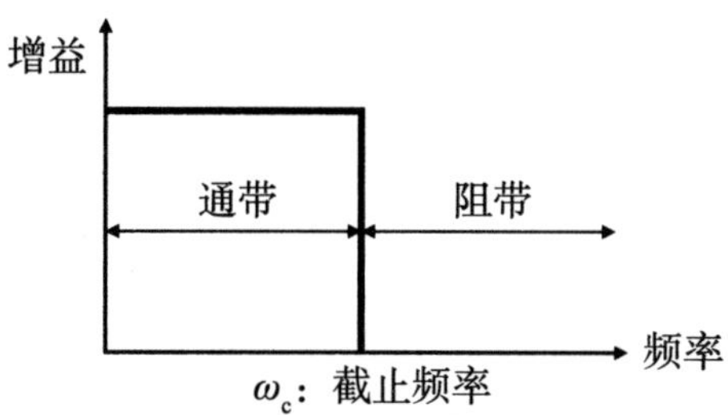

图4.1 理想滤波器

通带的增益是1，阻带的增益是0，二者以截止频率ω_c为界完全分离。但是模拟电路中不存在这样完美的滤波器。实际的模拟滤波器以通带的平坦性、阻带的衰减率、截止频率的传递函数的陡度作为特征量来进行分类。

图4.2展示了模拟滤波器的典型分类。图4.2(a)中的巴特沃思滤波器是最基础的滤波器，其特征是通带特性平坦。提高巴特沃思滤波器阻带的衰减率之后就得到图4.2(b)的切比雪夫滤波器。但是它的通带表现出波纹特性。其他滤波器还包括维持阻带的衰减率在固定数值以上，截止特性陡峭的逆切比雪夫滤波器（图4.2(c)），以及虽然通带和阻带有波纹特性，但是截止特性最陡峭的联立切比雪夫滤波器（图4.2(d)）等。

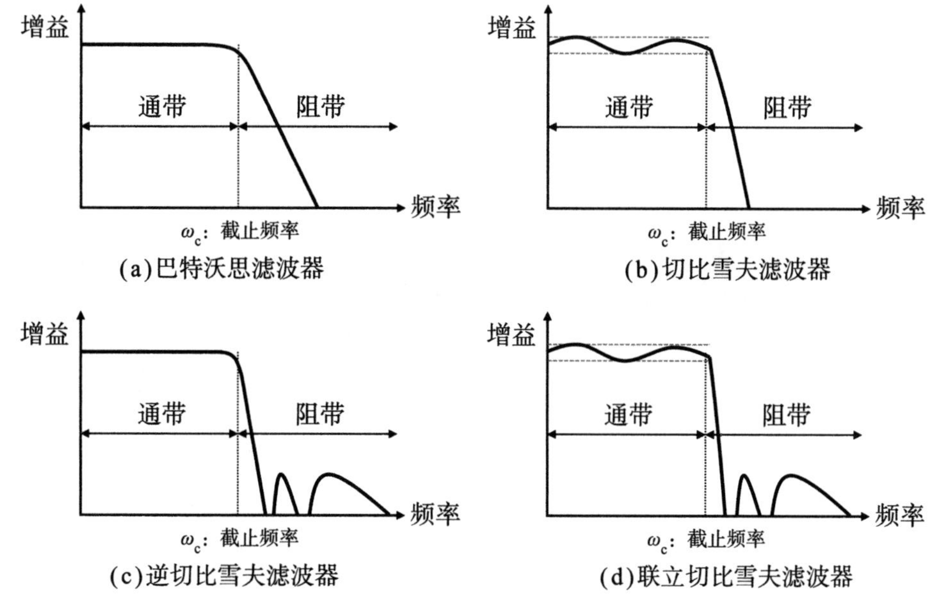

图4.2 模拟滤波器的种类

图4.2中的四种滤波器中，联立切比雪夫滤波器的传递函数计算中包括椭圆函数计算，而其他滤波器的传递函数的极点配置在椭圆（包括圆）圆周上。因此可以进行简单计算。例如，巴特沃思滤波器的传递函数的极点如图4.3所示，位于圆周上。

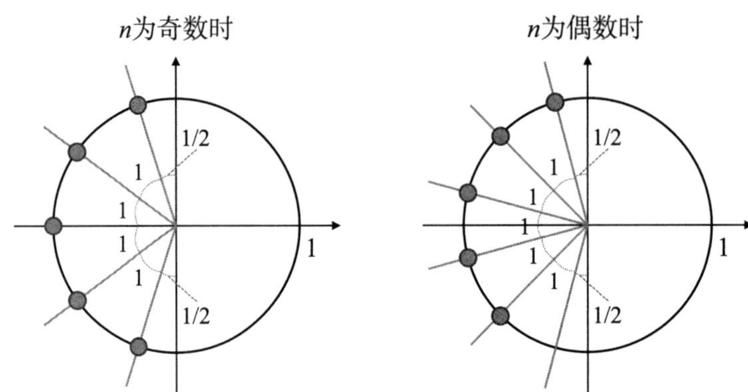

图4.3　巴特沃思滤波器的极点位置

设n次巴特沃思滤波器的传递函数$H(s)$为

$$H(s)=\frac{1}{B_n(s)} \tag{4.1}$$

n为奇数时，多项式$B_n(S)$为

$$B_n(s)=\prod_{k=1}^{(n-1)/2}\left[s^2-2s\cdot\cos\left(\frac{2k-n+1}{2n}\pi\right)+1\right] \tag{4.2}$$

n为偶数时，多项式$B_n(S)$为

$$B_n(s)=\prod_{k=1}^{n/2}\left[s^2-2s\cdot\cos\left(\frac{2k-n+1}{2n}\pi\right)+1\right] \tag{4.3}$$

4.2　模拟滤波器的实现方法

在电子电路中实现模拟滤波器的传递函数的方法通常有两种。第一种是将模拟滤波器的传递函数分解为二阶和一阶传递函数的积，分别将两个传递函数替换为定型的二阶和一阶的滤波器，再将二者进行级联连接。例如，根据式（4.2），五阶的巴特沃思滤波器的传递函数如下：

$$H(s)=\frac{1}{B_5(s)}=\frac{1}{(s+1)(s^2+0.618s+1)(s^2+1.618s+1)} \tag{4.4}$$

根据上式，五阶的传递函数表示为一个一阶滤波器和两个二阶滤波器的乘积，所以通过将滤波器进行级联连接即可实现，如图4.4所示。一阶滤波器采用简单的RC滤波器即可实现。二阶滤波器有多种实现方式，我们将在4.2.1节讲解多重反馈型滤波器电路这一方式。

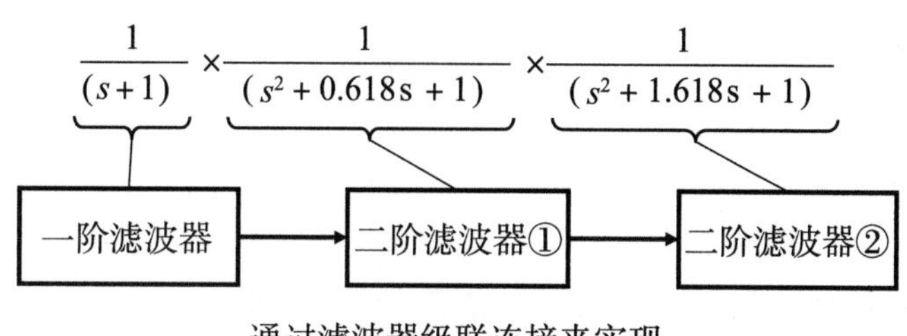

图4.4 用二阶、一阶滤波器的级联连接实现模拟滤波器

在电子电路中实现模拟滤波器的传递函数的第二种方法是采用LCR元件，利用所谓的梯型滤波器结构。一般情况下，在集成电路上较难使用电感L，所以我们常常将L元件替换为积分器，以OTA-C滤波器的形式来实现。用梯型滤波器实现式（4.4）中的五阶巴特沃思滤波器的传递函数后变为图4.5中的左图。而将积分电路转换为OTA-C滤波器后，则变为图4.5的右图。我们将在4.2.2节详述梯型滤波器设计方法。

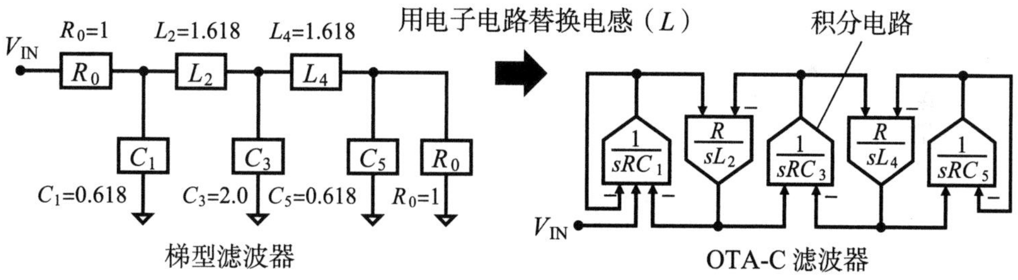

图4.5 用梯型滤波器实现模拟滤波器

4.2.1 二阶、一阶滤波器的级联连接设计方法

多重反馈型二阶滤波器如图4.6所示。

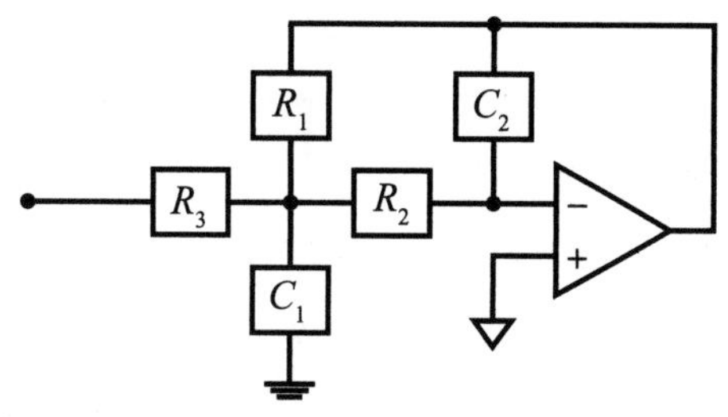

图4.6 多重反馈型二阶滤波器

上图的传递函数如下：

$$H_{\mathrm{LPF\,2}}(s)=\frac{-R_1}{C_1C_2R_1R_2R_3s^2+\left(C_2R_1R_2+C_2R_1R_3+C_2R_2R_3\right)s+R_3} \tag{4.5}$$

我们实际用多重反馈型二阶滤波器来设计组成五阶巴特沃思滤波器的二阶滤波器①和②，如图4.4所示。首先，二阶滤波器①的传递函数$H_{\mathrm{LPF2_1}}$为

$$H_{\mathrm{LPF\,2\_1}}=\frac{1}{\left(s^2+0.618s+1\right)} \tag{4.6}$$

因此通过$R_1/R_3=1$，$C_1C_2R_1R_2=1$，$C_2(R_1R_2/R_3+R_1+R_2)=0.618$可以求出式（4.5）中的各项参数。其中设$R_1=R_2=R_3=1$，则可以求出$C_2$约为0.206，$C_1$约为4.854。二阶滤波器②的传递函数为

$$H_{\mathrm{LPF\,2\_2}}=\frac{1}{\left(s^2+1.618s+1\right)} \tag{4.7}$$

因此也设$R_1=R_2=R_3=1$，则C_2约为0.539，C_1约为1.854。根据计算得出的参数，五阶巴特沃思滤波器的电路结构如图4.7所示。

图4.7中的滤波器的截止频率为1，因此需要改变元件值以达到目标截止频率，这称为元件值的定标。元件值的定标需要遵守以下规定：

· 电阻定标：电阻值变为R_X倍时，电容变为$1/R_X$。

· 频率定标：截止频率是f_c时，电容是$1/(2\pi f_c)$。也就是说，如果电阻为R_X，截止频率为f_c，则电容为$1/(2\pi R_X f_c)$。

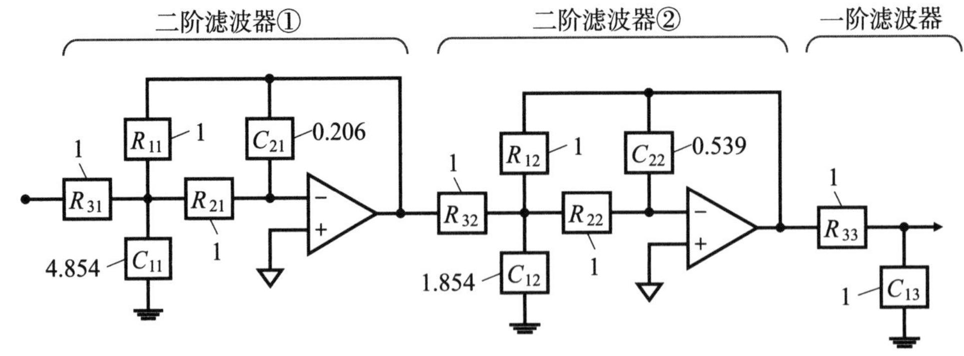

图4.7　用二阶、一阶级联连接实装五阶巴特沃思滤波器

例如，想要设计电阻为R_X，截止频率为1kHz的五阶巴特沃思滤波器时，需要将电容设为图4.8中的值。

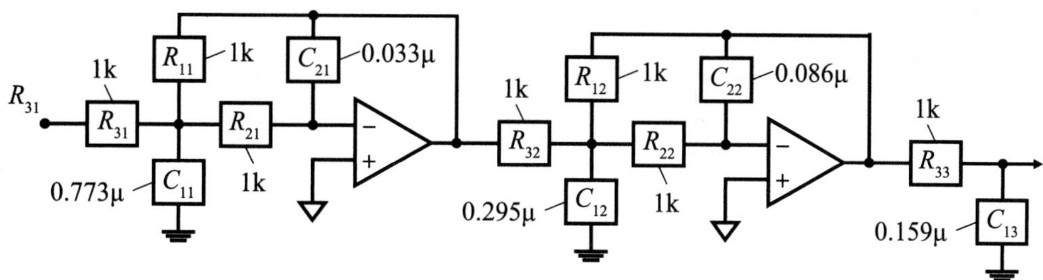

图4.8 元件定标后的五阶巴特沃思滤波器

图4.8中的五阶巴特沃思滤波器的传递特性实际如图4.9所示。

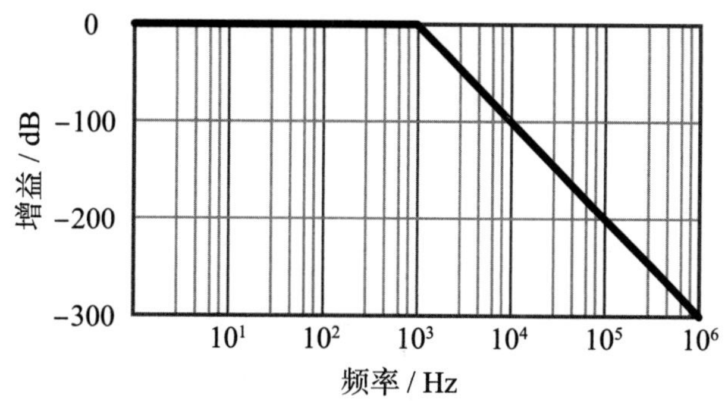

图4.9 滤波器特性

以截止频率1kHz为界，频率每增加10倍，增益就衰减100dB，可见实现了五阶滤波器。通过二阶滤波器和一阶滤波器的级联连接设计模拟滤波器的步骤归纳在图4.10中。

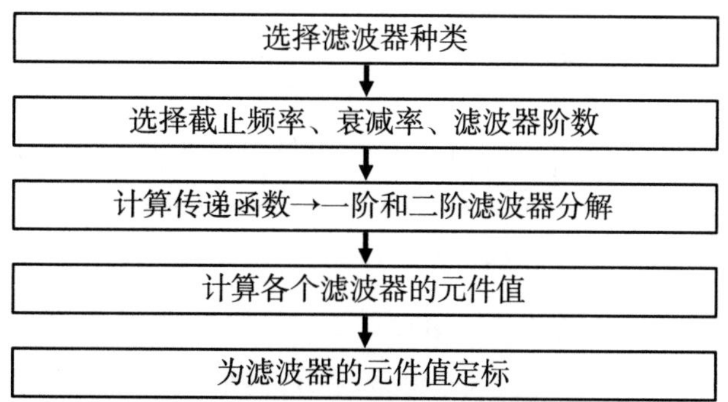

图4.10 二阶、一阶滤波器级联连接的滤波器设计步骤

4.2.2 梯型滤波器设计方法

下面我们来讲解怎样用梯型滤波器实现五阶巴特沃思滤波器。从各种文献中找到梯型滤波器的相关参数，确定*R*、*C*和*L*元件值后，用信号流图表示梯型滤波器的电压和电流的关系。如图4.11所示，由电压和电流的关系可以导出信号流图。

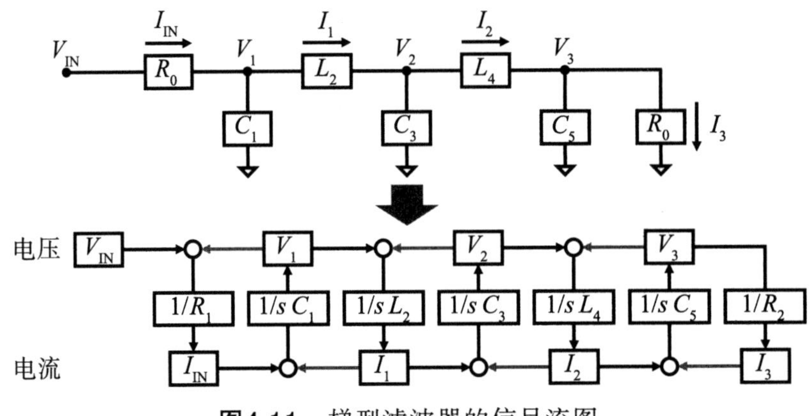

图4.11　梯型滤波器的信号流图

接下来设$R_1 = R_2$，电流通过电阻R，将电压和电流表示的信号流图改为只显示电压的图4.12。

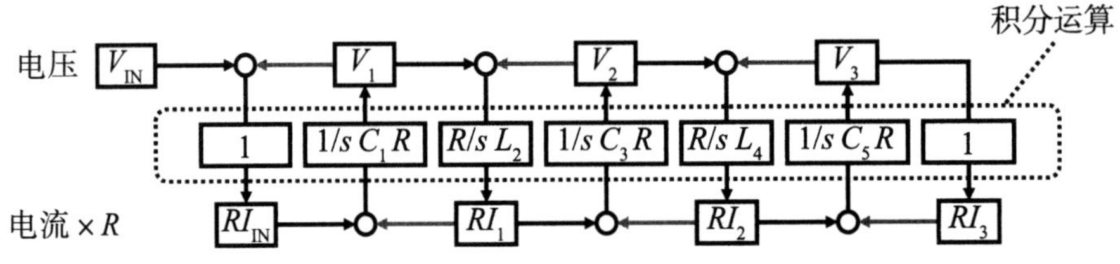

图4.12　只显示电压的信号流图

如此一来，信号流图的所有运算均由积分和加减法组成，并且所有信号的维度与电压相统一。采用电压信号的积分电路结构很容易在集成电路中实现。用梯型滤波器实现积分器则如图4.13所示，这种电路形式被称为OTA-C滤波器。

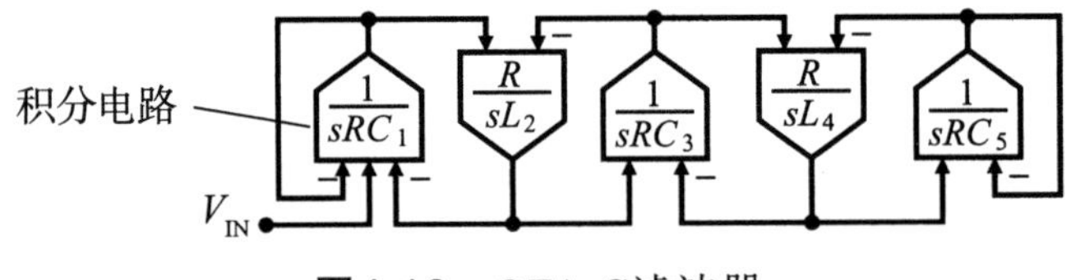

图4.13　OTA-C滤波器

为了避免电源噪声和同相噪声的影响，人们通常采用差动电路实现集成电路。差动积分电路可由差动放大器、电阻和电容组成，如图4.14所示。

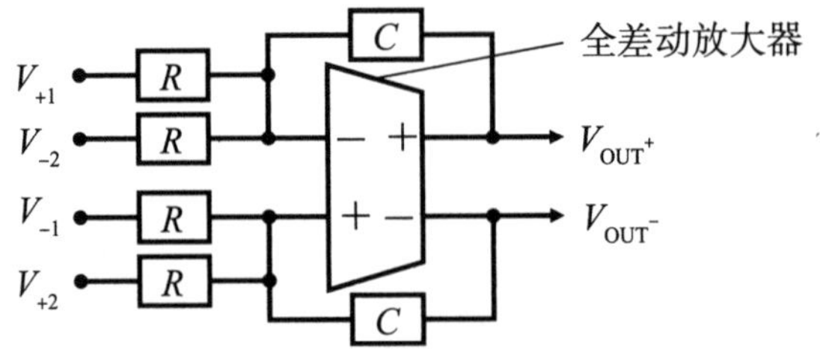

图4.14　差动积分器

图4.14中的电路积分运算如下式：

$$V_{\mathrm{OUT+}}-V_{\mathrm{OUT-}}=-\frac{\left(V_{1+}-V_{1-}\right)-\left(V_{2+}-V_{2-}\right)}{sCR} \tag{4.8}$$

由差动积分器电路组成的梯型滤波器如图4.15所示。

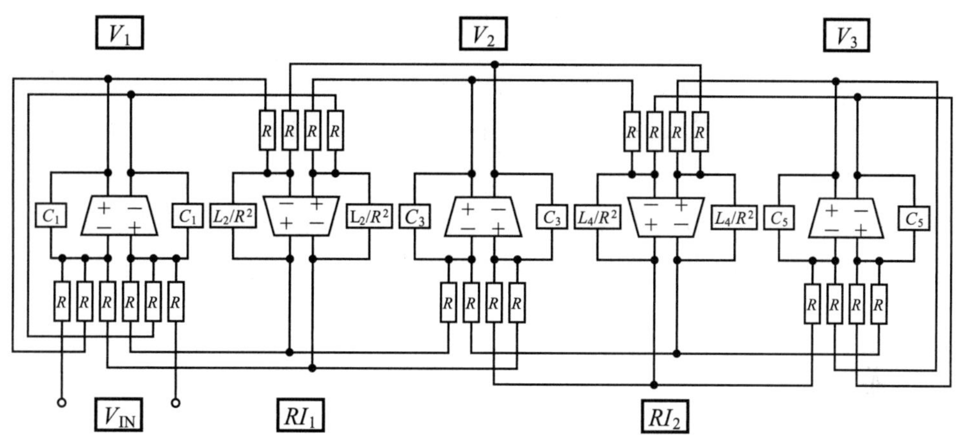

图4.15 使用差动积分器的梯型滤波器

4.2.3 滤波器设计方法的优缺点

上文介绍的两种模拟滤波器的实现方法各有优缺点。二阶滤波器和一阶滤波器级联连接组成的方法中，即使一个极点错位，也不会对其他极点的配置产生影响，所以元件值的误差只集中在一个极点的错位上，如图4.16(a)所示。也就是说，级联连接的缺点在于元件对误差的敏感度高。而且由于使用了运算放大器，它并不适合高速工作。它的优点在于传递函数的调节十分简单。

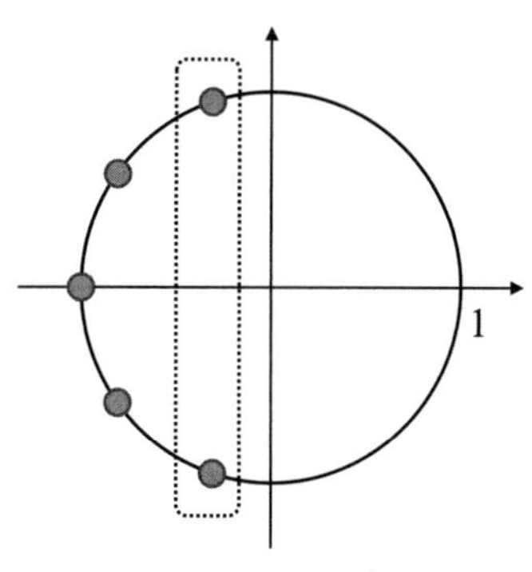

(a)元件的误差集中在一个极点的错位

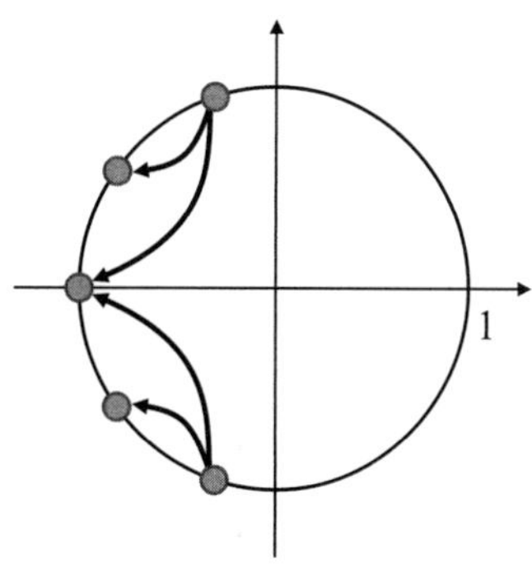

(b)元件的误差分散于所有极点的位置

图4.16 滤波器设计方法的优缺点

而采用梯型滤波器的实现方法时，如图4.16(b)所示，一个极点错位会导致所有极点都错位，所以元件的误差会分散在所有极点的位置。因此这种方法的优点在于对元件误差的敏感度低。但是它的缺点在于难以自由调节传递函数。

4.3　开关电容电路构成滤波器的方法

常见的模拟滤波器都是通过电阻和电容电路实现的，所以滤波器的传递函数依赖于它们的绝对精度。但是CMOS集成电路中，电阻和电容值的绝对值有偏差，所以需要用某种校准电路对传递函数进行微调。而开关电容电路仅使用电容即可实现滤波器电路，所以传递函数的精度取决于电容元件的相对精度。集成电路电容元件的相对精度极高，因此用开关电容电路打造的滤波器电路的传递函数无须使用校准电路也能够实现高精度。

如图4.17所示，开关电容电路是用开关和电容代替电阻的电路。设1秒内F周期的频率下开关电容为C_S，则下式成立

$$\left(V_{IN}-V_{OUT}\right)C_S\times F=I \tag{4.9}$$

所以电阻值R可以表示为

$$R=\frac{1}{FC_S} \tag{4.10}$$

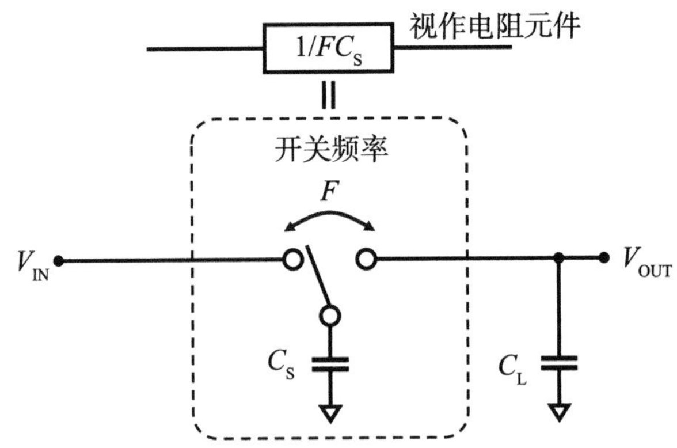

图4.17　开关电容电路的工作原理

因此，如图4.17所示，开关电容电路连接负载电容C_L，计算组成纯R_C滤波器时的传递函数$H(s)$为

$$H\left(s\right)=\frac{1}{\dfrac{C_L}{FC_S}s+1} \tag{4.11}$$

其中要注意开关频率和电容比决定传递函数特性。开关频率和电容比都可以在LSI内部极其准确地实现。因此与使用*RC*滤波器相比，开关电容滤波器的精度大幅度提升。而且通过改变开关频率还可以改变滤波器特性，这一点十分关键。

实际上，积分电路的输入几乎都会采用开关电容电路。如图4.18所示，该电路是通过一个电容和四个开关来实现的，这是为了排除电容元件的两个端子的寄生电容的影响。储存在寄生电容中的电荷在放电时复位，不会影响积分工作。

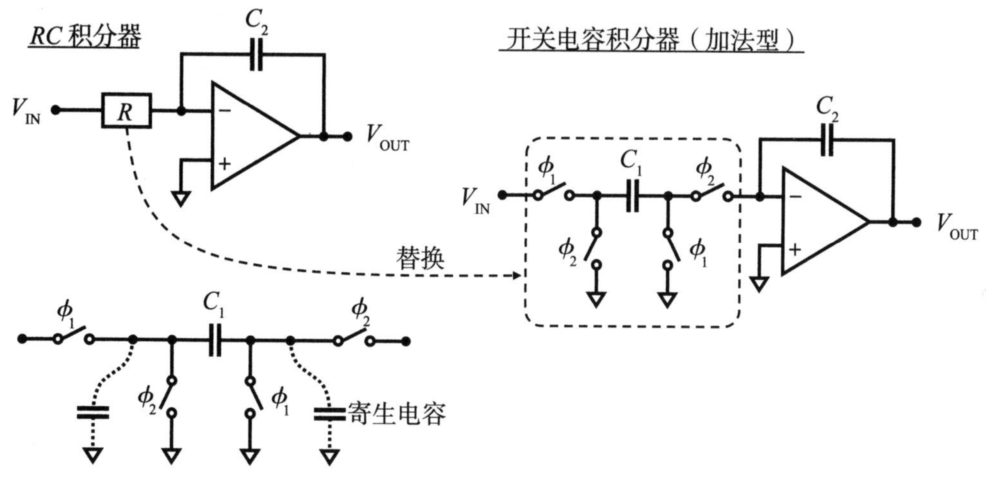

图4.18 开关电容电路构成的积分器

如图4.19所示，开关电容积分器可以通过改变输入的四个开关的开关顺序来选择对输入做加法或减法。这时要注意输入信号的采样相位会因加法或减法而不同。加法时输入信号在ϕ_1期间被采样，减法时输入信号在ϕ_2期间被采样。因此

开关电容积分器（V_{IN}加法型）

$V_{OUT}(n)=V_{OUT}(n-1)+V_{IN}(n)$

开关电容积分器（V_{IN}减法型）

$V_{OUT}(n)=V_{OUT}(n-1)-V_{IN}(n)$

输入采样 电荷输送 复位

图4.19 加法型与减法型开关电容积分器

单端电路组合使用加法型和减法型时，相位在采样期间可能出现偏差，导致无法使用。

而使用开关电容电路的差动电路可以解决采样相位偏差的问题。用差动电路将加法型输入反转变为减法型，可以在 ϕ_1 相位进行信号采样。同理，反转减法型的输入后的开关电容电路中，加法型可以在 ϕ_2 相位进行信号采样。

如图4.20所示，用开关电容实现二阶滤波器电路时，要将电阻元件替换为加法型或减法型的开关电容电路。其中有“+”标志的表示加法型开关电容电路，有“–”标志的则表示减法型开关电容电路。

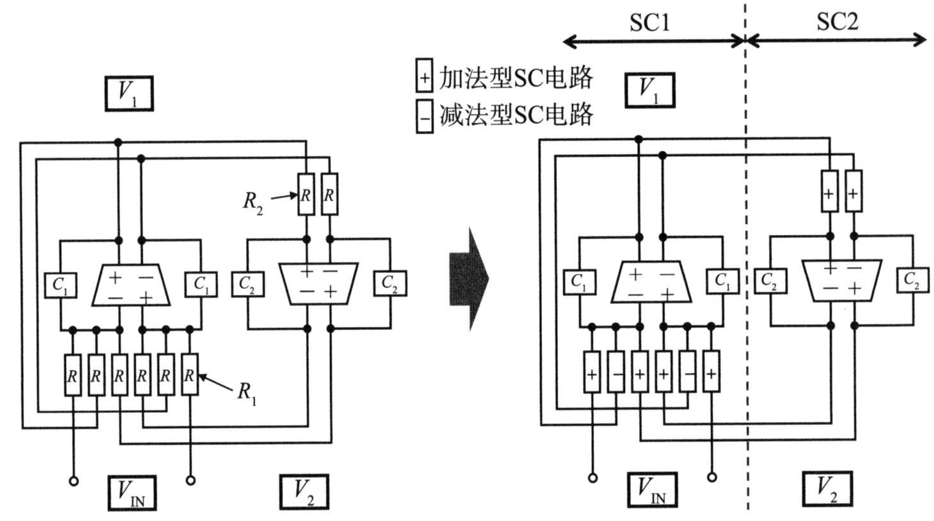

图4.20　二阶模拟滤波器向二阶开关电容滤波器的转换

综上所述，使用差动电路的开关电容电路可以自由选择采样相位，实现加法型和减法型电路。例如，SC1电路中为自己的反馈信号采样时，需要选择减法型开关电容电路。SC2的输出得到SC1的反馈，这时需要反转信号极性，所以要反转差动输出，向SC1输入。采用差动电路可以自由选择采样相位和输出极性构成反馈电路，实现滤波器电路。

第5章
低噪声放大器的设计方法

低噪声放大器（low noise amplifier，LNA）是在无线电路中接收来自天线的电波再放大信号的电路。LNA必须尽可能减少施加的噪声来放大信号，这一性能可以用噪声系数来表示。首先，我们在一般的二端口电路中计算噪声系数，然后对各种LNA电路结构及其噪声系数进行解说，介绍实用中LNA设计步骤。

5.1 二端口电路的噪声系数展示

图5.1展示了含噪声的二端口电路向不含噪声的二端口电路的转换。电流i_s表示从二端口电路外部施加的噪声电流，Y_s表示输入源的导纳。图5.1下图的v_n和i_n表示二端口电路的等效输入噪声电压和等效输入噪声电流。

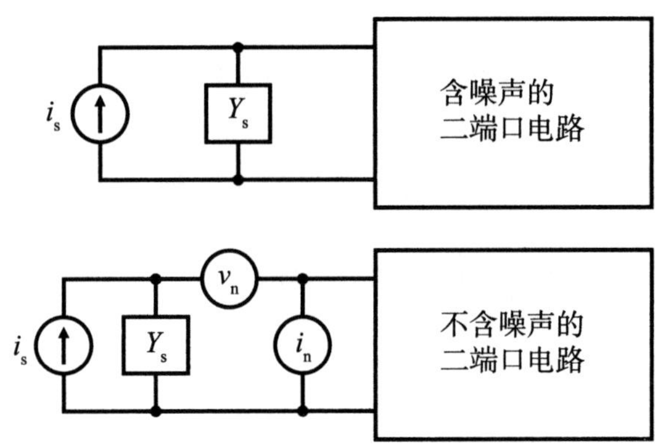

图5.1　二端口电路的噪声表现

这时噪声系数F定义为（所有输出噪声）/（输入引起的输出噪声），这一系数计算如下：

$$
\begin{aligned}
F &= \frac{\overline{i_s^2} + \overline{\left|i_n + Y_s v_n\right|^2}}{i_s^2} \\
&= \frac{\overline{i_s^2} + \overline{\left|i_u + \left(Y_c + Y_s\right) v_n\right|^2}}{i_s^2} = 1 + \frac{\overline{i_u^2} + \left|Y_c + Y_s\right|^2 \overline{v_n^2}}{i_s^2}
\end{aligned}
\tag{5.1}
$$

电流噪声i_n分为与电压噪声相关和不相关两种类型，如果用$i_n = i_c + i_u$表示，则可以转换成$i_n = Y_c v_n + i_u$。将式（5.1）中的导纳Y_s和Y_c分别表示为$Y_s = G_s + jB_s$，$Y_c = G_c + jB_c$，则噪声系数可以变形为下式：

$$
\begin{aligned}
F &= 1 + \frac{\overline{i_u^2} + \left|Y_c + Y_s\right|^2 \overline{v_n^2}}{i_s^2} = 1 + \frac{G_u + \left|Y_c + Y_s\right|^2 R_n}{G_s} \\
&= 1 + \frac{G_u + \left[\left(G_c + G_s\right)^2 + \left(B_c + B_s\right)^2\right] R_n}{G_s}
\end{aligned}
\tag{5.2}
$$

这时产生噪声的电导R_n、G_u和G_s定义如下：

$$
R_n = \frac{v_n^2}{4kT\Delta f} \tag{5.3}
$$

$$G_u = \frac{i_u^2}{4kT\Delta f} \tag{5.4}$$

$$G_s = \frac{i_s^2}{4kT\Delta f} \tag{5.5}$$

式（5.2）中的噪声系数还可以变形为下式：

$$F = F_{\min} + \frac{R_n}{G_s}\left[\left(G_s - G_{\text{opt}}\right)^2 + \left(B_s - B_{\text{opt}}\right)^2\right] \tag{5.6}$$

也就是说，满足噪声系数F不变的式表现为对导纳画圆。

5.2　LNA的种类和噪声系数

LNA的各种电路结构归纳如图5.2所示。

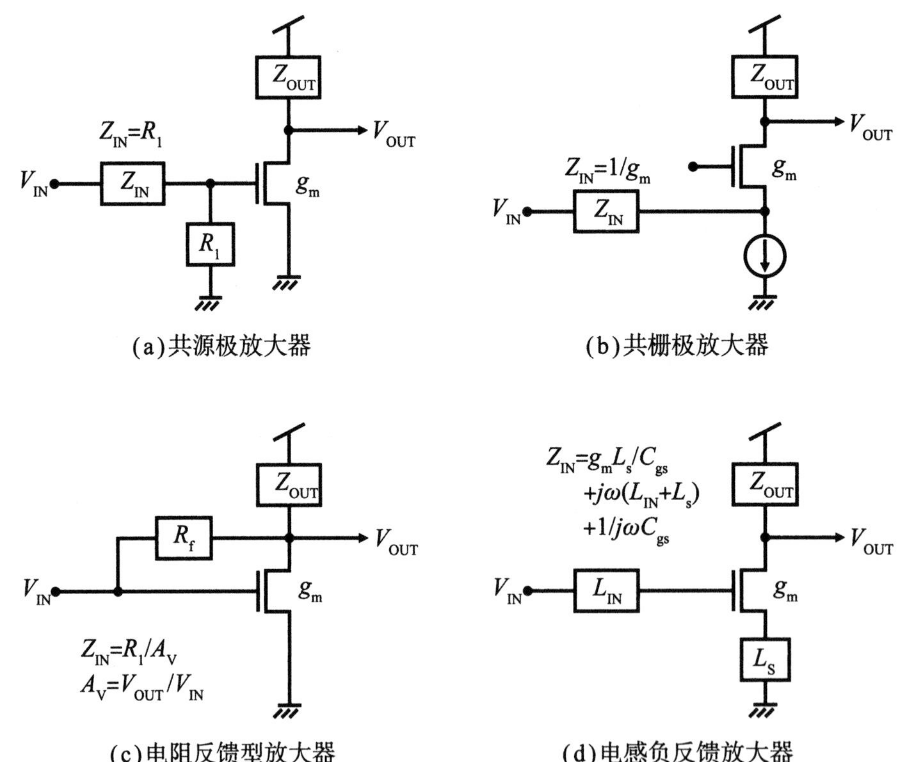

图5.2　LNA的种类

在图5.2(a)的共源极放大器中，为了和输入信号源的阻抗匹配，需要连接电阻R_1。增加的电阻部分产生的噪声会使得噪声系数恶化。而且CMOS晶体管的栅极输入阻抗通常是纯电容，很难通过电阻性输入信号源达到匹配。

因此可以使用从源极端输入信号的共栅极放大器，如图5.2(b)所示。从源极端输入信号很难获得高放大率，但是可以提高次阶的输入阻抗，在一定程度上确保增益。从源极端输入信号方便匹配，可以实现LNA的宽带化，近年来这种方式得到越来越多的应用。

图5.2(c)是电阻反馈型放大器，与共源极放大器相比，它可以通过反馈电阻匹配输入信号来降低噪声系数，还能够宽带化。很少有电路直接采用电阻反馈型放大器，但是近年来人们提出以电阻反馈型放大器为基础，打造能够去除失真和噪声的电路。

图5.2(d)被称为电感负反馈放大器。在源极和接地之间插入电感，即便栅极不连接电阻，也可以在输入阻抗中产生电阻成分。输入阻抗Z_{IN}表示如下：

$$Z_{IN}=\frac{g_m L_s}{C_{gs}}+j\omega\left(L_{IN}+L_s\right)+\frac{1}{j\omega C_{gs}} \tag{5.7}$$

谐振频率$\omega_T = g_m/C_{gs}$时，

$$Z_{IN}\approx \omega_T L_S \tag{5.8}$$

例如，谐振频率为10GHz时，要实现50Ω的输入阻抗，只要在源极和接地之间插入$L_s = 0.8$nH的电感即可。这个数值在LSI内部完全可以实现。由于输入不使用电阻就能够实现阻抗匹配，因此这类放大器的噪声系数非常优秀。

图5.3展示了图5.2中各种LNA的噪声系数。只有电感负反馈放大器能够达到噪声系数小于2。图中的参数含义如下：

α：实际的沟道电导和漏极电压为0V时的沟道电导的比（ = 1.0，微细加工工艺时小于1）。

放大器的种类	*NF*下限值	标准值/dB
共源极放大器	$2+4\gamma/(\alpha_{gm}R_s)$	12.6
共栅极放大器	$1+\gamma/\alpha$	4.8
电阻反馈型放大器	$1+R_s/R_f+\gamma/(\alpha_{gm}R_s)$	7.1
电感负反馈放大器	$1+R_{ind}/R_s+R_g/R_s+\gamma_{gm}R_s(\omega/\omega_T)^2$	1.6

图5.3 各种LNA的噪声系数

Γ：信道噪声的拟合系数。

R_g：栅极电阻。

R_{ind}：输入电感的寄生电阻。

R_s：信号源阻抗。

5.3　LNA的设计步骤

图5.4是实际的电感衰减放大器及其设计流程图。

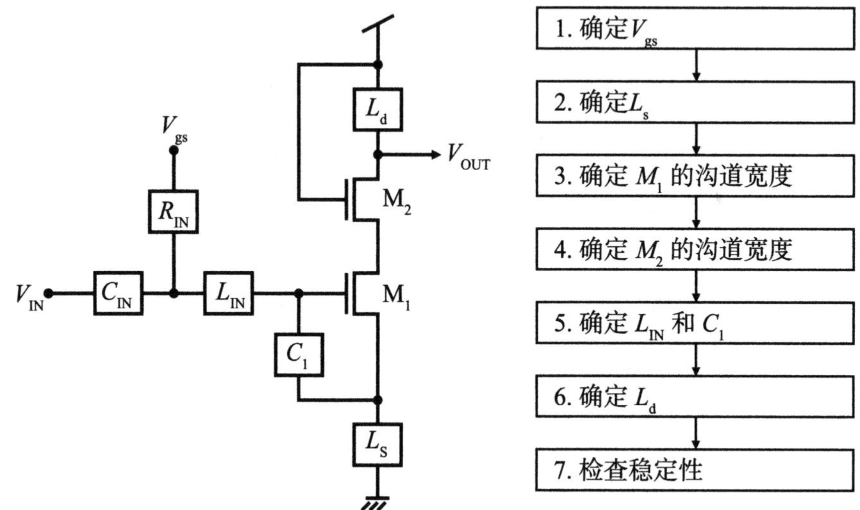

图5.4　电感衰减放大器的设计步骤

流程1：设计这种放大器必须首先确定V_{gs}和电路中的偏置电流。需要注意的是，晶体管M_1的三阶谐波决定IIP3特性。电路的IIP3特性如下式所示：

$$\text{IIP3}=\frac{2|g_m|}{3|g_{m3}|}\omega^2C_{gs}^2R_s \tag{5.9}$$

如果偏置电压V_{gs}足够大，就可以降低g_{m3}，提高IIP3。如果增大C_{gs}，即增加C_1也会提高IIP3，但是有可能引起信号带宽偏低。

流程2：确定连接源极的电感L_s的值。根据式（5.8），由于$L_s=R_s/\omega_T$，所以L_s的计算十分简单。但是要考虑到L_s的寄生电阻成分和晶体管的栅极电阻成分，在计算L_s的值时需要减掉这部分电阻值。

流程3：确定M_1的沟道宽度。如图5.3所示，从电感负反馈放大器的噪声系数中可以看出，g_m过大则会导致噪声系数劣化。而g_m过小又会使得电感L_{IN}增大，成比例增加寄生电阻R_{ind}，导致噪声系数劣化。也就是说，g_m有一个最优值。如上文所述，g_m值与IIP3特性有关，需要在考虑两个参数后进行最优化。而且虽然g_m值与功率增益没有直接关系，但也需要确认匹配条件后，检查实际情况下参数是否匹配。

流程4：确定栅极接地部分的M_2沟道宽度。为了使M_2中的电流值大于M_1的偏置电流，通常M_2的沟道宽度要大于M_1的沟道宽度。

流程5：确定输入电感值L_{IN}和C_1。根据谐振频率ω_0和截止角频率ω_T，通过下式可以确定L_{IN}和C_1的值：

$$\omega_0 = \frac{1}{\sqrt{(L_{IN}+L_s)(C_{gs}+C_1)}} \tag{5.10}$$

$$R_s = \frac{g_m L_s}{(C_{gs}+C_1)} = \omega_T L_s \tag{5.11}$$

设计时要尽可能不使用C_1值。

流程6：确定输出端的电感值L_d。如果并不需要达到输出匹配，选择电感值时要注意抵消栅极接地晶体管的漏极端寄生电容。

流程7：检查电路的稳定性。计算第3章中讲解二端口电路的稳定性时提到的稳定系数K，从而判断稳定性。$K>1$时，电路对所有负载条件绝对稳定。不仅要注意区域内，也要注意区域外的稳定性。尤其是焊丝等的Q值较高，容易引起振荡，仿真时务必要加入这部分后求K值并进行判断。在振荡可能性较高的情况下，可以为焊丝插入串联电阻，从而降低Q值，恢复稳定性。

第6章
混频器的设计方法

无线通信系统在载波频率（高频信号）中加入基带信号后发射，从接收的高频信号解调出基带信号。因此我们需要转换频率的功能，而承担这一任务的电路就是混频器。本章主要讲解混频器的基本结构和特征。

6.1　混频器的结构

混频器的功能即频率转换，可以通过为两个正弦波信号做乘法来实现。图6.1展示了基本的混频器。

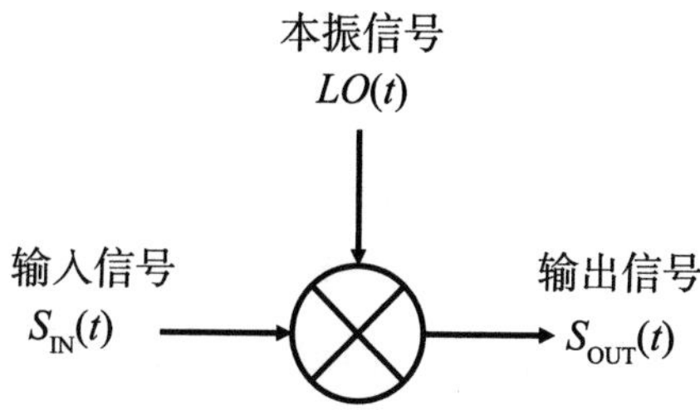

图6.1　基本的混频器

输入信号$S_{IN}(t)$和本振信号$LO(t)$如下式所示：

$$S_{IN}(t)=S_{IN}\cos(\omega_{IN}t) \tag{6.1}$$

$$LO(t)=A_{LO}\cos(\omega_{LO}t) \tag{6.2}$$

将这两个正弦波相乘就可以得到下式中的输出信号$S_{OUT}(t)$：

$$S_{OUT}(t)=\frac{S_{IN}A_{LO}}{2}\left[\cos(\omega_{IN}-\omega_{LO})t+\cos(\omega_{IN}+\omega_{LO})t\right] \tag{6.3}$$

根据式（6.3），输出结果会出现两个频率的和成分及差成分，其大小分别与它们的输入振幅值成正比。因此增益会随本振信号的振幅A_{LO}发生变化。

因此通过切换输入信号进行调制的开关混频器的应用越来越多，如图6.2所示。开关混频器中，本振信号$LO(t)$表现为占空比为50%的矩形波，如下式所示：

$$LO(t)=\frac{1}{2}-\frac{2}{\pi}\sum_{n=1}^{\infty}(-1)^n\frac{\cos(2n-1)\omega_{LO}t}{2n-1} \tag{6.4}$$

设输入信号为

$$S_{IN}(t)=S_0+S_1\cos(\omega_{IN}t) \tag{6.5}$$

则开关混频器的输出如下式所示：

$$\begin{aligned}S_{OUT}(t)=&\frac{S_0}{2}+\frac{S_1}{2}\cos\omega_{IN}t+\frac{2}{\pi}S_0\cos\omega_{LO}t\\&+\frac{1}{\pi}S_1\left[\cos(\omega_{LO}-\omega_{IN})t+\cos(\omega_{LO}+\omega_{IN})t\right]\end{aligned} \tag{6.6}$$

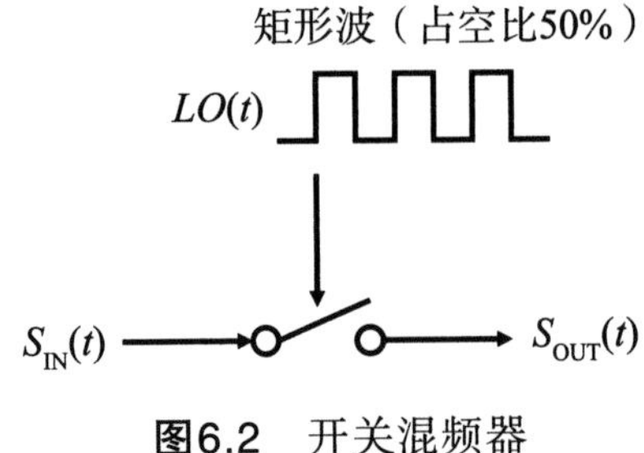

图6.2　开关混频器

因此使用开关混频器可以将混频器增益稳定在1/π。但是从式（6.6）中可以看出，除调制信号以外，输出信号中还会出现其他信号成分和本振信号成分。为了防止这类开关混频器信号成分泄漏，需要采用图6.3中的双平衡混频器。

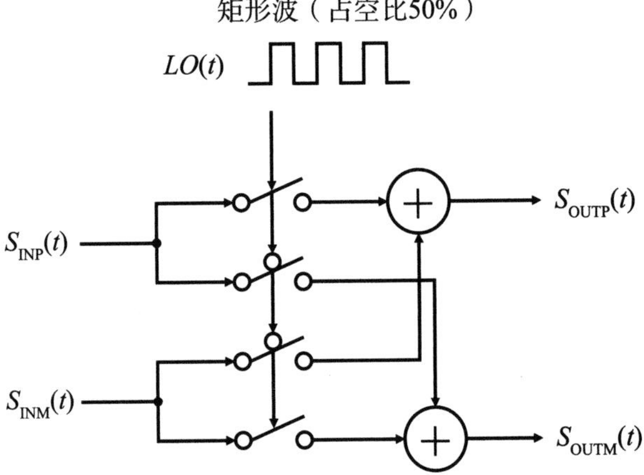

图6.3　双平衡混频器

双平衡混频器采用两个单平衡混频器，为输入信号施加差分信号。差分输入信号分别表示为

$$S_{\mathrm{INP}}(t)=\frac{S_0}{2}+\frac{S_1}{2}\cos(\omega_{\mathrm{IN}}t) \tag{6.7}$$

$$S_{\mathrm{INM}}(t)=\frac{S_0}{2}-\frac{S_1}{2}\cos(\omega_{\mathrm{IN}}t) \tag{6.8}$$

输出信号$S_{\mathrm{OUT}}(t)$为

$$\begin{aligned}S_{\mathrm{OUT}}(t)&=S_{\mathrm{OUTP}}(t)-S_{\mathrm{OUTM}}(t)\\&=S_{\mathrm{INP}}(t)\left[LO(t)-\overline{LO(t)}\right]+S_{\mathrm{INM}}(t)\left[LO(t)-\overline{LO(t)}\right]\\&=\frac{2}{\pi}S_1\left[\cos(\omega_{\mathrm{IN}}-\omega_{\mathrm{LO}})t+\cos(\omega_{\mathrm{IN}}+\omega_{\mathrm{LO}})t\right]\end{aligned} \tag{6.9}$$

输入信号和本振信号被取消，去除了泄漏成分。但是在常见的电路结构中，受元件个体差异和本振信号占空比错位的影响，还是会发生几个百分点的泄漏成分，需要做好心理准备。

图6.4展示了一种无源双平衡混频器。无源双平衡混频器的线性和速度很好，而且不需要偏置电流，功耗几乎为0。但如果减小开关的导通电阻会导致CMOS晶体管的栅极面积变大，本振信号IF部分和RF部分容易产生泄漏。

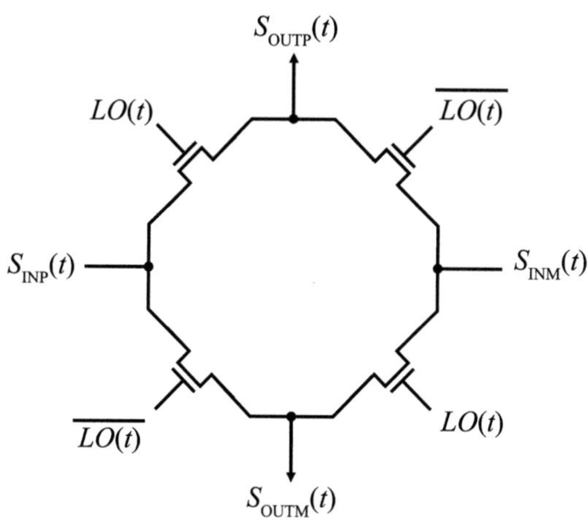

图6.4 无源双平衡混频器电路

图6.5是有源双平衡混频器，也被称为吉尔伯特单元混频器。它由转化输入信号$S_{INP}(t)$和$S_{INM}(t)$为差分电流的跨导单元和以本振信号$LO(t)$驱动的开关组成。设输入晶体管的跨导为g_m，则混频器的增益为$2g_m/\pi$。

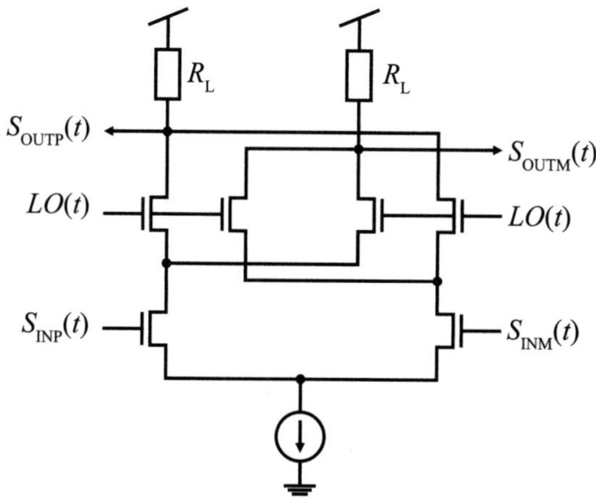

图6.5 有源双平衡混频器

6.2　混频器的噪声源

本节旨在考察混频器内部产生的噪声源。我们以图6.6中的单平衡混凝器为例进行简单讲解。

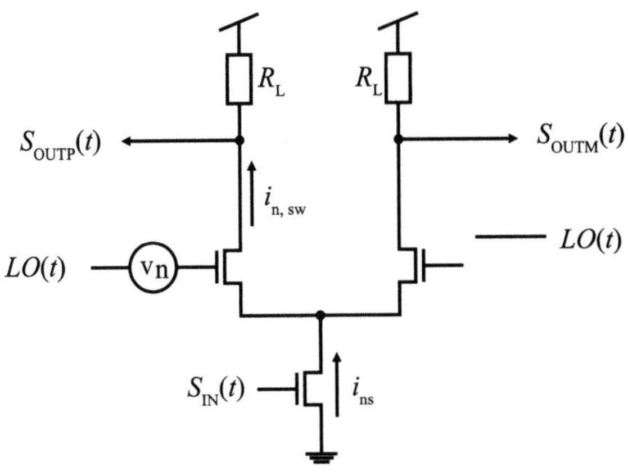

图6.6　单平衡混频器的噪声源

混频器中有三种噪声源：输入本振信号的晶体管产生的噪声、附加输入信号的晶体管产生的噪声和输出负载电阻产生的噪声。

输入本振信号的晶体管产生的噪声是在晶体管ON/OFF时产生的电流脉冲噪声$i_{n,sw}$。如图6.7所示，其脉宽值Δt与等效输入噪声电压v_n成正比，与本振信号的转换速率S成反比。也就是说，在Δt时通过电流I_b，它近似于开关迁移时间t_w的平均电流i_n。因此开关电流的噪声频谱为

$$\begin{aligned}\overline{\left|i_{n,sw}(f)\right|^2} &= 2f_{LO}t_w\cdot\overline{\left|i_n(f)\right|^2}\cdot df \\ &= 2f_{LO}t_w\cdot\left(\frac{I_b\Delta t}{t_w}\right)^2\cdot df \\ &= 2f_{LO}t_w\cdot\left(\frac{I_b}{t_wS}\right)^2\cdot 4k_BT\gamma\frac{1}{g_m}\cdot df \\ &= 8k_BT\gamma I_b\frac{f_{LO}}{S}\cdot df \\ &= 8k_BT\frac{\gamma I_b}{\pi V_{LO}}\cdot df\end{aligned} \tag{6.10}$$

其中，本振信号振幅为$V_{LO}/2$，近似于频率ω_{LO}的正弦波，转换速率S为

$$S=\frac{\omega_{LO}V_{LO}}{2}=\pi f_{LO}V_{LO} \tag{6.11}$$

考虑到有两个开关元件，所以开关噪声为

$$\overline{\left|v_{\mathrm{o,n}}(f)\right|^2} = 2R_{\mathrm{L}}^2\overline{\left|i_{\mathrm{n,sw}}(f)\right|^2} = 16k_{\mathrm{B}}T\frac{\gamma I_{\mathrm{b}}R_{\mathrm{L}}^2}{\pi V_{\mathrm{LO}}}\mathrm{d}f \tag{6.12}$$

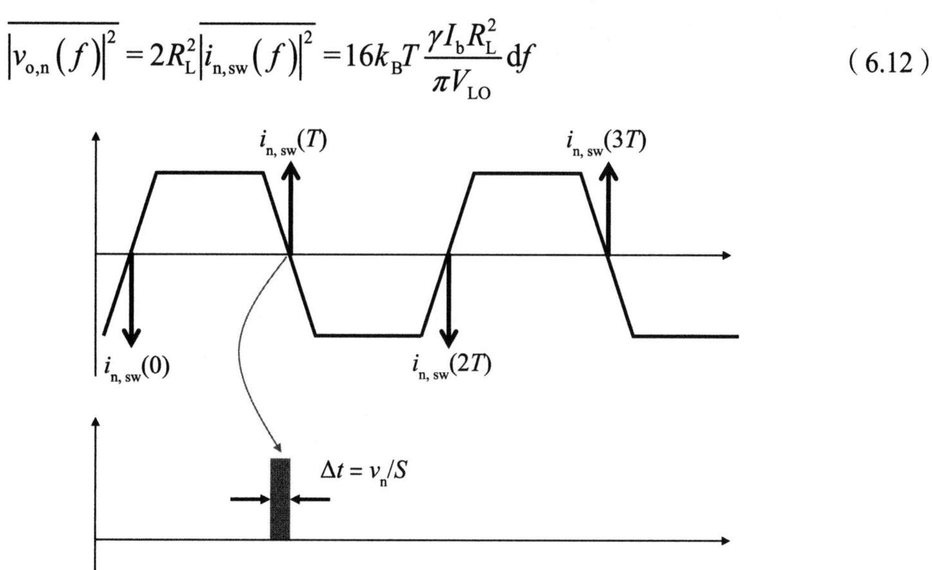

图6.7 输入本地信号的晶体管产生的噪声

接下来我们计算信号源的晶体管产生的噪声，如图6.6所示。信号源电流i_{ns}受本振信号调制，但功率基本不变，如图6.8所示。因此信号源晶体管产生的噪声$V_{\mathrm{o,n2}}(f)$如下式所示：

$$\overline{\left|v_{\mathrm{o,n2}}(f)\right|^2} = R_{\mathrm{L}}^2\overline{\left|i_{\mathrm{ns}}(f)\right|^2} = 4k_{\mathrm{B}}T\gamma g_{\mathrm{m2}}R_{\mathrm{L}}^2\cdot\mathrm{d}f \tag{6.13}$$

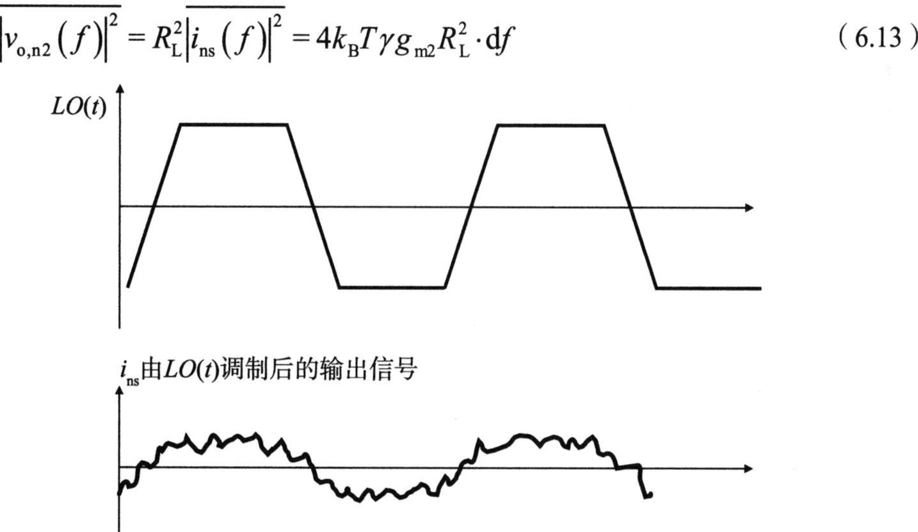

图6.8 输入晶体管产生的噪声

式（6.12）中计算出的输入本振信号的晶体管产生的开关噪声和式（6.13）的附加输入信号的晶体管产生的噪声，包括输出负载电阻产生的噪声，混频器产生的所有噪声$V_{\mathrm{o,\,n_all}}(f)$如下所示：

$$\overline{\left|v_{\mathrm{o,n\_all}}(f)\right|^2} = 4k_{\mathrm{B}}T(2R_{\mathrm{L}})\mathrm{d}f + 16k_{\mathrm{B}}T\frac{\gamma I_{\mathrm{b}}R_{\mathrm{L}}^2}{\pi V_{\mathrm{LO}}}\mathrm{d}f + 4k_{\mathrm{B}}T\gamma g_{\mathrm{m2}}R_{\mathrm{L}}^2\mathrm{d}f \tag{6.14}$$

式（6.14）的右边第一项是输出电阻噪声，第二项是混频器部分的噪声，第三项是输入部分的噪声。

下面我们来讲解混频器部分的*NF*问题。

混频器的*NF*如图6.9所示，比较SSB混频器和DSB混频器，DSB混频器的*NF*多3dB，更加有利。开关混频器需要考虑到噪声的反射效应。即使假设混频器内部无噪声，考虑到反射噪声，混频器增益是2/π，则混频器部分的*NF*为$(2/\pi)^2$以上（3.9dB以上）。考虑到反射效应的*NF*在SSB混频器和DSB混频器中都是3.9dB。

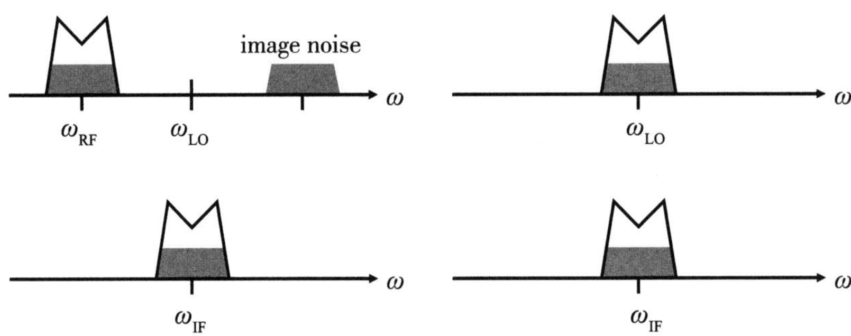

图6.9　SSB混频器和DSB混频器的*NF*比较

第7章
基准电路的设计方法

要想使模拟电路和RF电路正常工作，需要作为基准使用的电压源和提供稳定电流的电流源。同时需要通过晶体振荡器等高精度发射器提供高精度稳定工作的时钟。本章主要讲解这些基准电路的工作原理和设计方法。

7.1 基准电压电路

基准电压电路与温度变化或电路的电源电压变动无关，能够输出固定电压。下面我们对它的工作原理进行说明。

我们首先要注意的是，基准电压电路中二极管两端产生的电压的温度特性恒定为-2mV/℃。这种温度特性是由硅的物理性质（禁带宽度）决定的，数值十分稳定。所以需要电路产生正温度系数的电压，以抵消硅的温度系数-2mV，从而去除温度特性。如图7.1所示，可以为二极管叠加电阻元件，调整电阻中的电流，从而将电阻上电压的温度特性设定为+2mV。

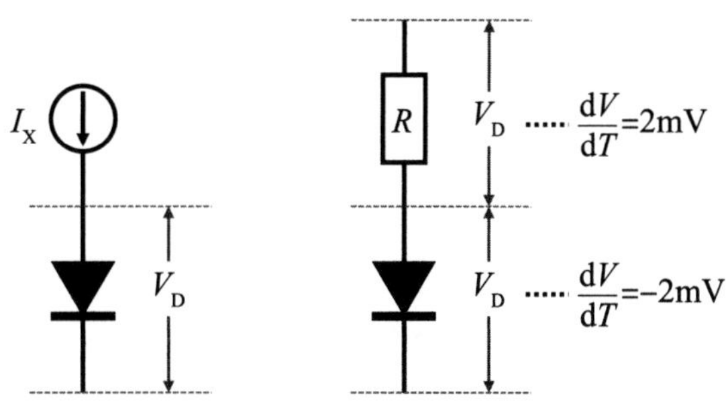

图7.1 基准电压电路的工作原理

方法如图7.2所示。在尺寸不同的两个二极管中通过相同的电流会产生电位差，从而生成正温度特性。首先，尺寸为1的二极管的电流-电压特性如下式所示。

$$I_X = I_S\left(e^{\frac{q}{kT}V_{D1}} - 1\right) \tag{7.1}$$

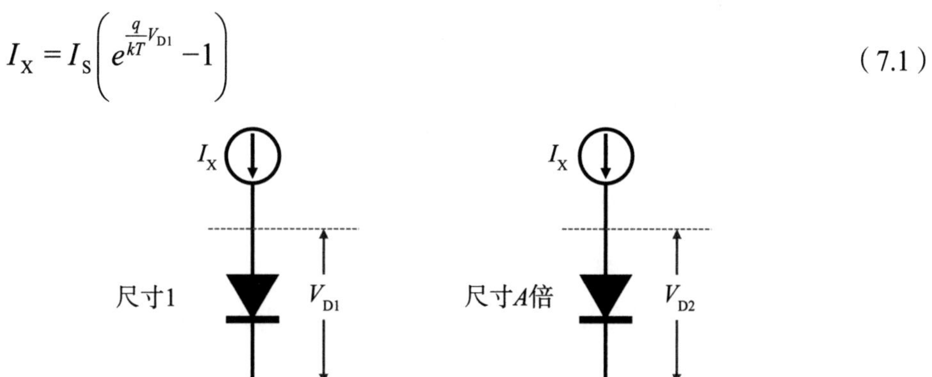

图7.2 具有正温度系数的电压的产生方法

接下来，尺寸为A倍的二极管的电流-电压特性为

$$I_X = AI_S\left(e^{\frac{q}{kT}V_{D2}} - 1\right) \tag{7.2}$$

因此电位差计算如下：

$$V_{D1}-V_{D2}=(kT/q)\ln(A) \tag{7.3}$$

从图7.2中可以看出，偏置电流相同而尺寸不同的二极管的电位差具有正温度特性。

因为$(k/q) = 86.2\mu V/℃$，正温度特性远远小于2mV，所以需要放大温度特性。如图7.3所示，可以采用在反馈电路中使用运算放大器的方法。

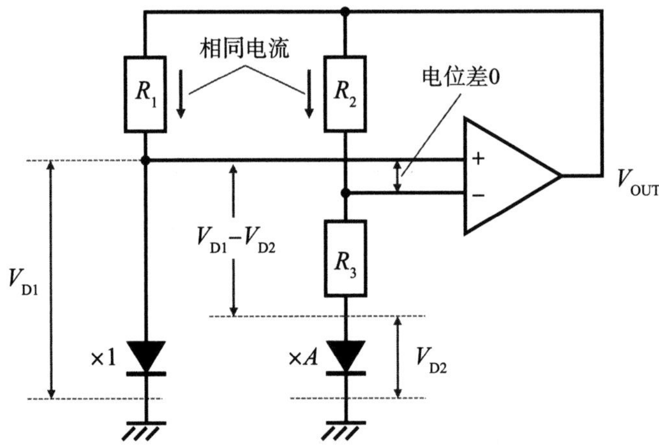

图7.3　基准电压电路的基本电路结构

反馈电路的作用下，运算放大器的两个输入的电位差几乎为0（虚短路），所以可以在大小相同的电阻R_1和R_2（$R_1 = R_2$）中通入相同的电流，用相同电流对尺寸不同的两个二极管进行偏置。如此一来，$V_{D1}-V_{D2}$的温度系数即为正值，如式（7.3）所示。其中V_D-V_{D2}附加在电阻R_3上，所以电阻R_3和电阻R_2两端的电压为

$$V_{OUT}-V_{D2}=\frac{R_2+R_3}{R_3}(kT/q)\ln(A) \tag{7.4}$$

其中，V_{OUT}是运算放大器的输出电压。可以看出二极管的温度特性被放大至$(R_2+R_3)/R_3$倍。也就是说，调整放大率使温度系数为2mV，可以抵消二极管的负温度系数。

基准电压电路中，输出电压从硅的物理性质决定的原点（绝对零度时二极管的电压）开始，如图7.4所示。因此无论怎样调整电路常数，只有基准电压几乎相同时温度系数才为零。

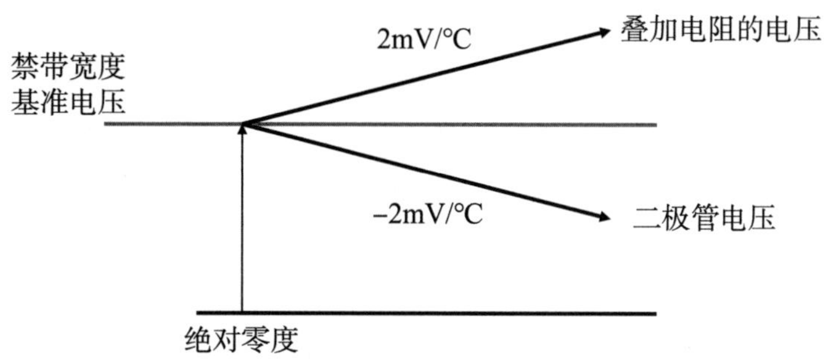

图7.4 禁带宽度基准电压的由来

7.2 基准电流电路

生成不同电压值的固定电压时需要使用运算放大器。人们利用上述禁带宽度基准原理，设计出了输出温度系数为0的电流的新基准电流电路。如果能够输出温度系数为0的电流，就可以通过加入任意值的电阻生成各种基准电压，而无须使用运算放大器。

图7.5展示了基准电流输出电路的结构。PMOS晶体管M_1和M_2的尺寸相同，所以电流相同。而且V_A和V_B在运算放大器的反馈作用下几乎相同，连接V_A和V_B的电阻R_1中的电流也相同。因此两个尺寸不同的二极管中的电流也相同。所以电阻R_2上施加了两个二极管的电位差。到此为止的工作原理与电压控制型的基准电压电路基本相同。问题在于接下来如何生成温度系数为0的电流。

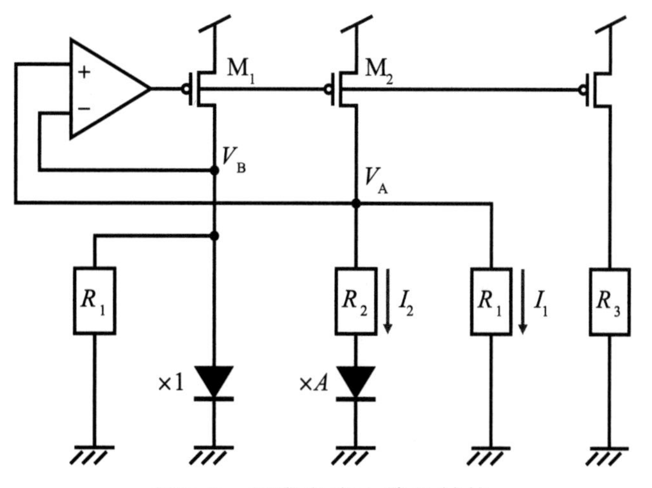

图7.5 基准电流电路的结构

与基准电压源电路相同，电阻R_2上施加了正温度系数的电压，所以电流I_2的温度系数为正。我们来思考V_A的电压温度系数会怎样。

二极管的温度系数为-2mV/℃，R_2两端的电压的温度系数为86.2μV/℃×1nA=数百μV，所以“二极管的负温度系数＞电阻的正温度系数”，V_A的电压产生负温度系数。因此施加了这份电压的电阻R_1中通过负温度系数的电流I_1。所以负温度系数的电流I_1和正温度系数的电流I_2如果能够巧妙融合，就可以将温度系数调整至0。其中电流I_2的温度系数C_{R2}为

$$C_{R2}=\frac{(k/q)\ln(A)}{R_2} \tag{7.5}$$

电流I_1的温度系数C_{R1}为

$$C_{R1}=\frac{(k/q)\ln(A)-2m}{R_1} \tag{7.6}$$

如果$C_{R1}+C_{R2}=0$，则电流I_1和I_2的温度系数和为0。也就是说，电阻R_1和R_2必须满足下式中的关系：

$$\left(\frac{k}{q}\right)\ln(A)\left(\frac{1}{R_1}+\frac{1}{R_2}\right)=\frac{2mV}{R_1} \tag{7.7}$$

如此设定R_1和R_2后，晶体管M_1和M_2中的电流就是I_1和I_2，所以温度系数为0。通过从电流镜电路提取电流，就可以在R_3中通入温度系数同样为0的电流。也就是说，通过将R_3调整为任意值，就可以生成任意基准电压，而无须使用运算放大器。

不使用运算放大器的基准电压电路结构如图7.6所示。左侧的PMOS晶体管组成的电流镜电路使得$I_1=I_2$。而且两个NMOS晶体管的源极流过相同的电流，所以源极电位也相同。因此R_2被施加了两种强度不同的二极管电位差。电阻R_2中的电流I_2为

$$I_2=\frac{(V_{D1}-V_{D2})}{R_2}=\frac{1}{R_2}\left(\frac{kT}{q}\right)\ln(A) \tag{7.8}$$

这一电流也通过电阻R_1。也就是说，R_1两端的电压为

$$R_1I_2=\frac{R_1}{R_2}\left(\frac{kT}{q}\right)\ln(A) \tag{7.9}$$

只要按照电压温度系数为+2mV进行设定即可。也就是说，通过使用PMOS和NMOS晶体管组成的两对电流镜电路，可以达到与使用运算放大器相同的效果。

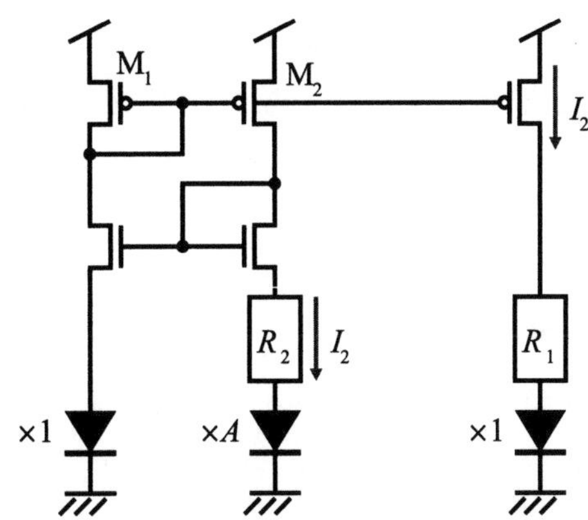

图7.6 不使用运算放大器的基准电压电路

7.3 基准电压电路的双稳态问题的解决方法

基准电压源电路和基准电流源电路中，电压和电流不取决于电源电压，因此其输出对电源变动不敏感。唯一的问题在于电路中没有电流时仍旧能够保持稳定状态。也就是说，上述电路中有两种稳定状态：一种是完全没有电流的稳定状态，另一种是有电流通过后的稳定状态，这种问题被称为双稳态问题。为了解决该问题，人们提出了在没有电流时无法达到稳定的启动电路。

图7.7展示了基准电压电路的回避双稳态问题的启动电路结构示例。图中的方法用比较器比较二极管电压和基准电压源的输出电压。二极管电压约为0.7V，基准电压源的输出正常时为1.2V，异常稳定时为0V。电源启动等时候，当基准电压电路陷入异常稳定状态，比较器会探测出二极管电压更高，并打开开关，强制使基准电压源的输出电压高于1.2V。输出达到1.2V后高于二极管电

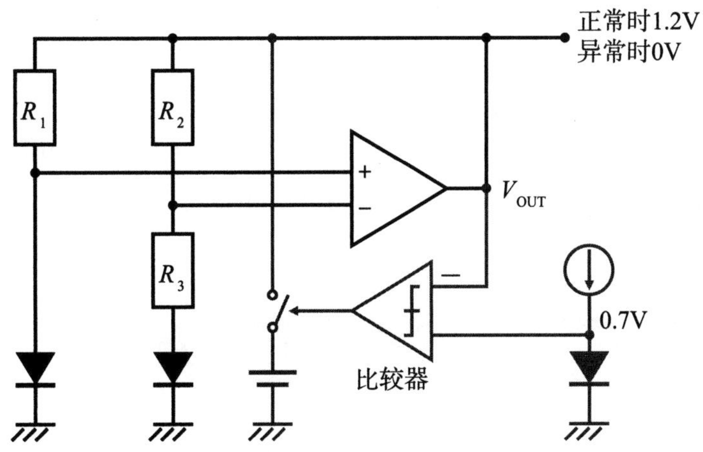

图7.7 基准电压电路的启动电路结构示例

压，比较器自动关闭开关。上述启动电路解决了电源启动时的双稳态问题，使得基准电压源电路能够稳定地输出1.2V。为了能在充分的时间内使基准电压输出转为高电压，最好导入具有磁滞特性的比较器。

7.4 PTAT电流源电路

高温下运算放大器等电子电路的性能易下降，因此需要一种在高温时增加偏置电流的电路。这时就会用到图7.8中的PTAT电流源电路。

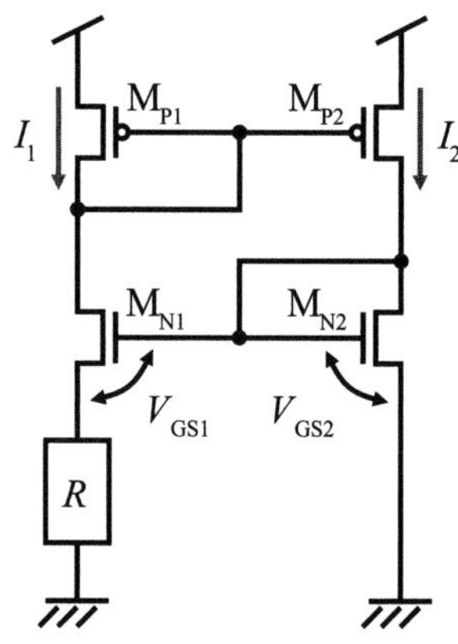

图7.8　PTAT电流源电路

图7.8中，如果上部的PMOS晶体管M_{P1}和M_{P2}的尺寸相等，则电流镜电路使得电流$I_1 = I_2$。又根据下部的NMOS电流镜电路的栅极电压相等，可以得到下列方程式：

$$V_{GS1} + I_A R = V_{GS2} \tag{7.10}$$

上式中没有电源电压项，所以可以确定对电源电压不敏感的电流值。这里确定的电流值在温度变化时具有正温度系数，所以高温状态下电流量会增加，因此它常被用作运算放大器等高温下特性会劣化的电路的偏置电路。为了使式（7.10）成立，注意要将NMOS晶体管M_{N1}的W/L增大到M_{N2}的10倍以上。而且这种PTAT电流源电路与上文中的基准电压源电路相同，也有双稳态问题，因此需要设置启动电路，使其在正确的稳定状态工作。

7.5 晶体振荡器及其频率稳定原理

向晶体施加电压时，晶体振荡器会发生变形，在压电效应作用下产生振荡，因此晶体（水晶振子）可以用等效电路进行描述。

如图7.9所示，水晶振子可以用电感L_m、电容C_m、电阻R_m串联并与电容C_p并联的等效电路进行描述。温度基本不变，振荡频率也不变，但是振荡条件会有较大变化，所以在设计时需要多加注意。振荡条件指的是水晶振子的阻抗必须随着频率变化上升，水晶振子才会发生振荡。这意味着水晶振子以电感的形式工作。

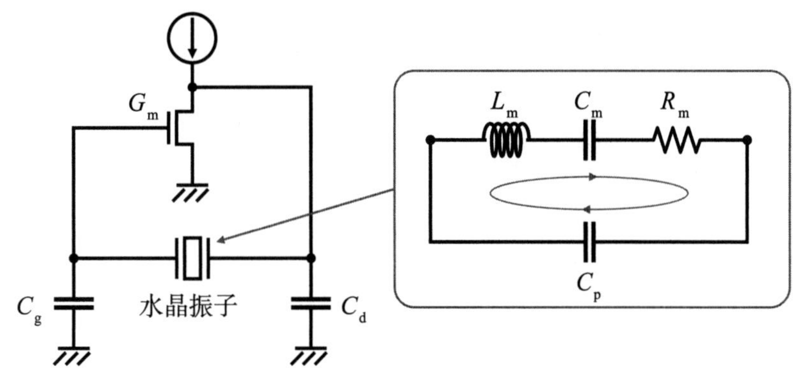

图7.9　采用水晶振子的振荡电路结构

如图7.10所示，水晶振子的阻抗可被视作电感的范围在电容C_m和电感L_m的串联阻抗为0的频率ω_L（串联谐振状态）到L_m、C_m和C_p的并联阻抗为无限大的频率ω_H（并联谐振状态）之间。这个范围内水晶振子会发生振荡，但是频率范围非常小，这是由于C_m远远小于C_p，C_m和C_m、C_p的串联电容几乎不变。所以水晶振子的串联谐振频率ω_L和并联谐振频率ω_H的值非常接近，这意味着水晶振子的振荡频率在非常小的范围内稳定振荡。

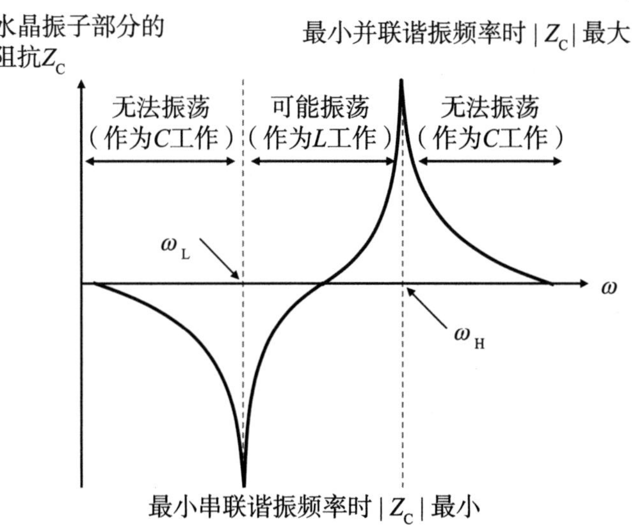

图7.10　水晶振子的阻抗变化和可能振荡的范围

7.6 晶体振荡器的振荡条件的导出

下面讲解晶体振荡器的工作条件的计算方法。

图7.11展示了晶体振荡器的小信号等效电路。从图中的小信号等效电路的节点方程能够导出下列矩阵：

$$\begin{bmatrix} \frac{1}{Z_g}+\frac{1}{Z_X} & -\frac{1}{Z_X} \\ -\frac{1}{Z_X}+G_m & \frac{1}{Z_d}+\frac{1}{Z_X} \end{bmatrix} \begin{bmatrix} V_g \\ V_d \end{bmatrix} \tag{7.11}$$

上面的矩阵为0的条件就是电路的振荡条件。

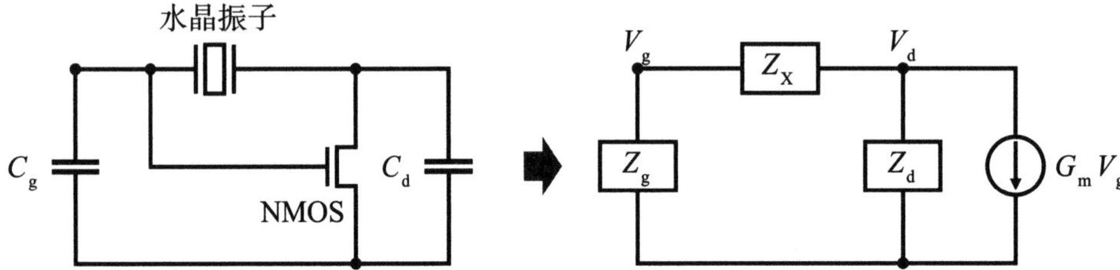

图7.11　晶体振荡器的小信号等效电路

为了导出矩阵为0的条件，我们要将实际阻抗值代入节点方程的各个阻抗中。首先，水晶振子的阻抗Z_X为

$$Z_X = R_X + jI_X \tag{7.12}$$

外接并联电容的阻抗如下：

$$Z_g = \frac{1}{sC_g} \tag{7.13}$$

$$Z_d = \frac{1}{sC_d} \tag{7.14}$$

根据矩阵为0的条件，解矩阵的虚部为0、矩阵的实部为0的联立方程式可以得到下式：

$$R_X = \frac{G_m}{\omega^2 C_g C_d} \tag{7.15}$$

$$I_X = \frac{1}{\omega}\left(\frac{1}{C_d} + \frac{1}{C_g}\right) \quad (7.16)$$

下面使用图5.12中的晶体振荡器模型求频率ω_{OSC}和振荡所需的最小G_m值。

根据式（7.16）可以用下列算式求出振荡频率ω_{OSC}：

$$\omega_{OSC} = \frac{1}{\sqrt{L_m C_m}} \times \sqrt{1 + \frac{C_m}{C_p + C_{pd}}} \quad (7.17)$$

其中，

$$C_{pd} = \frac{C_g C_d}{C_g + C_d} \quad (7.18)$$

将图5.12的值代入上式，可以计算出振荡频率ω_{OSC}为27.9417MHz，这时振荡所需的最小G_m计算如下：

$$G_{m\_min} = R_m \omega_{OSC}^2 C_g C_d \left(1 + \frac{C_p}{C_{pd}}\right)^2 \quad (7.19)$$

同样代入图5.12的参数，G_{m_min}为162μG。

要注意的是，这时G_{m_min}与外部电容C_g和C_d的乘积成正比，所以G_{m_min}与外部电容的平方成正比。晶体振荡器中，振荡频率几乎不变，但是振荡条件会因外部负载电容值而发生剧烈变化，可能会突然停止振荡。为了防止这种情况的发生，需要设定晶体管的驱动能力比G_{m_min}大得足够多。

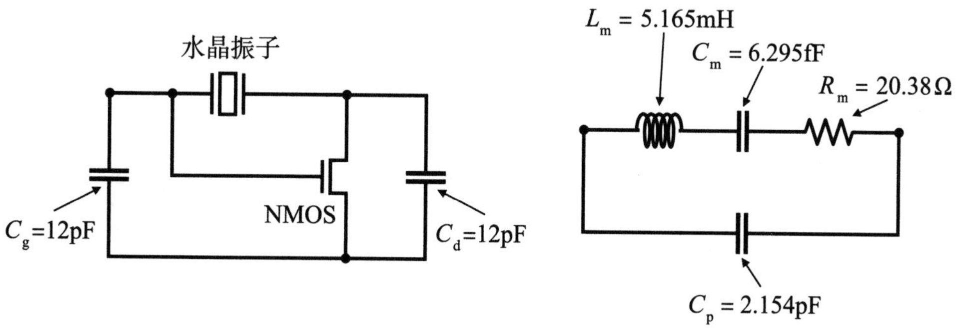

图7.12　晶体振荡器的设计图例

第8章 锁相环的设计方法

本章讲解锁相环（PLL）的基本电路的工作原理和设计方法。PLL中最重要的问题在于PLL的传递函数特性带来的相位噪声特性和LSI等中十分重要的抖动特性。首先介绍组成PLL的模块，然后导出PLL的三种传递函数特性，并讲解它们与传递函数的相位噪声特性的关系，以及相位噪声特性与抖动特性的关系。

8.1 PLL模块及其结构

图8.1展示了LSI中最常用的电荷泵PLL结构。

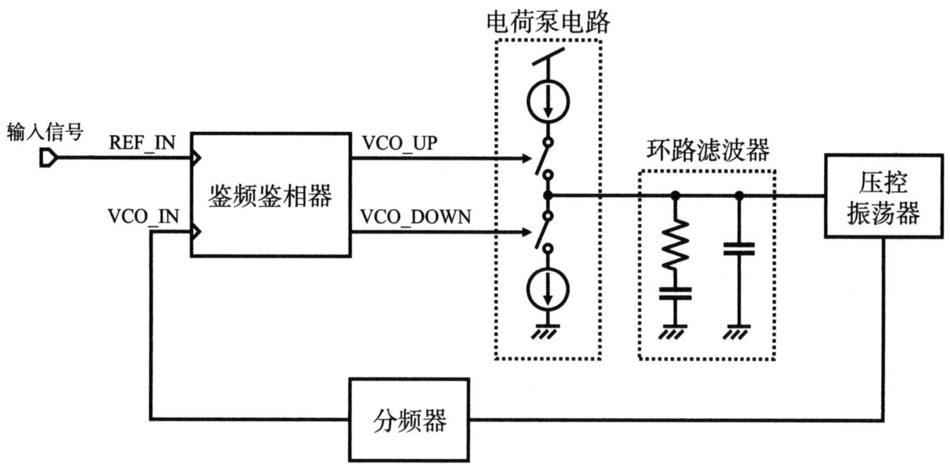

图8.1 PLL的模块图

电荷泵PLL由以下电路模块组成：

鉴频鉴相器（phase frequency detector，PFD）：比较输入信号和分频器的输出信号的相位差或频率差，并输出比较结果的电路。

电荷泵电路（charge pump，CP）：将鉴频鉴相器输出的数字信号转换为模拟信号并向环路滤波器输出的电路。

环路滤波器（loop filter，LPF）：稳定PLL并确定相位噪声特性的滤波器。PLL是反馈系统，因此需要稳定系统的滤波器。

压控振荡器（voltage controlled oscillator，VCO）：振荡频率根据输入信号电压变化的振荡器。PLL内置VCO后可以改变自己的振荡频率，随输入信号的变化而变化。

分频器（divider）：为输入信号分频以输出更低频的信号的电路。通常所说的N分频器指的是分频器的输出信号频率为输入信号频率的$1/N$。整数分频时，分频器在PLL工作期间受固定分频比的控制。而支持分数分频的分频器是通过分频比的高速变化来实现分数分频。

8.1.1 鉴频鉴相器

图8.2展示了鉴频鉴相器的电路结构和模块符号。

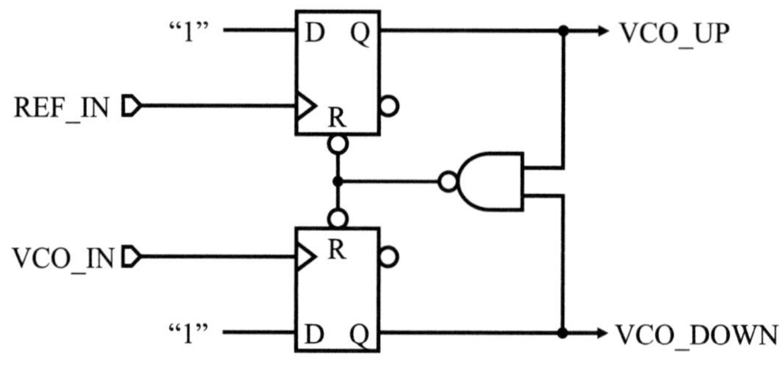

图8.2　鉴频鉴相器的电路结构

鉴频鉴相器由两个D触发器和一个与非门构成。这种鉴频鉴相器的工作从状态迁移图上更易于理解，如图8.3所示。

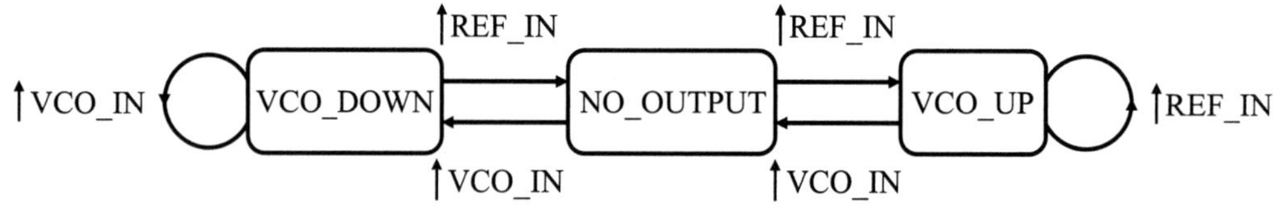

图8.3　鉴频鉴相器的状态迁移图

鉴频鉴相器有三种状态：无输出的NO_OUTPUT状态、输出VCO_UP信号以提高VCO频率的VCO_UP状态，以及输出VCO_DOWN信号以降低VCO频率的VCO_DOWN状态。在没有信号输入的状态下，鉴频鉴相器处于无任何输出的NO_OUTPUT状态。这时两个输出都为"Low"状态。NO_OUTPUT状态下，如果输入某个上升沿脉冲，则被输入脉冲的D触发器的输出变为"High"。从状态迁移来看，只要输入的REF_IN时钟早于VCO_IN时钟，就可以迁移到VCO_UP状态。进入VCO_UP状态后，再输入VCO_IN时钟，则再次回到NO_OUTPUT状态，相位比较器进入无输出状态。一输入VCO_IN时钟，两个输出瞬时变为"High"，与非门的输出变为"Low"，复位两个D触发器，将输出变为"Low"。这时REF_IN和VCO_IN的两个输入的时间差部分被VCO_UP脉冲输出。

图8.4展示了鉴频鉴相器的时序图。鉴频鉴相器的输出被复位之前，在与非门的迁移时间和D触发器的复位时间内，鉴频鉴相器的两个输出为"High"状态。两种输出都处于活跃状态的现象会引发确定性抖动，为PLL特性带来不良影响。

接下来我们讲解鉴频鉴相器作为频率比较器的特性。从图8.4的时序图中可以看出，鉴频鉴相器的输出状态在固定时间内偏向于上升沿较多的输出状态。换言之，鉴频鉴相器可以被视为最简单的可逆计数器。也就是说，图8.3中REF_IN

的频率高于VCO_IN的频率时，REF_IN被输入的上升沿数也更多，所以鉴频鉴相器的输出状态处于VCO_UP的情况多于VCO_DOWN。也就是说，鉴频鉴相器也能够检测出两个输入信号的频率差。

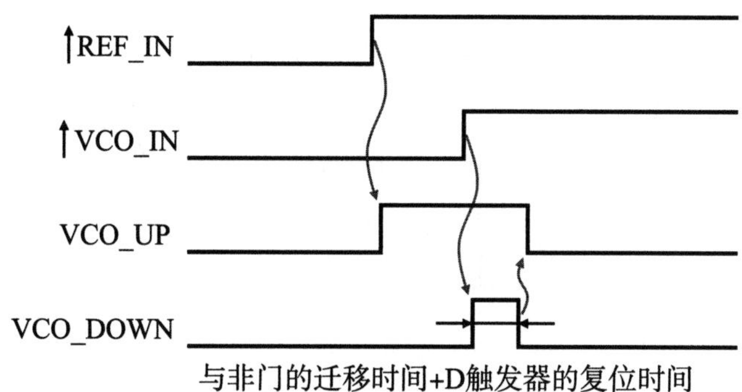

图8.4　鉴频鉴相器的时序图

图8.5展示了鉴频鉴相器的输入输出特性。鉴频鉴相器在−2π～2π区间内有线性特性。非线性工作时，如果两个输入信号有频率差，则只能输出有频率差的一方的极性信号。因此没有反向信号输出，频率捕捉的能力变得极强。

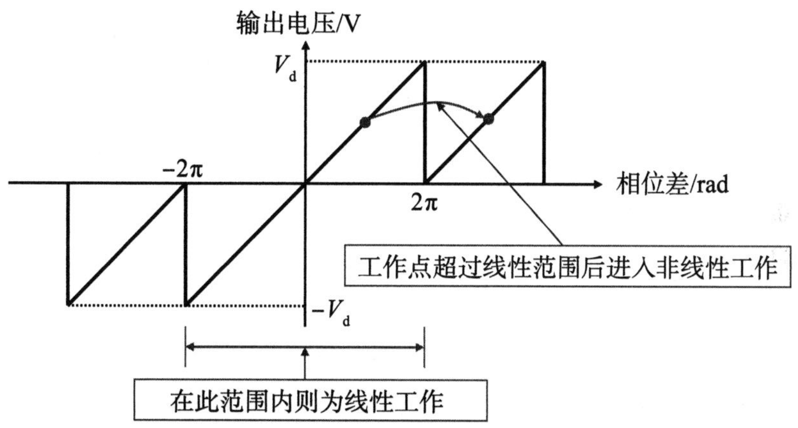

图8.5　鉴频鉴相器的输入输出特性

8.1.2　电荷泵电路

图8.6展示了电荷泵电路的种类。

电荷泵电路分为两种类型，一种是用电流脉冲为滤波器充放电的电流型，另一种是用电压脉冲为滤波器充放电的电压型。近几年的LSI几乎100%采用电流型电荷泵电路。其原因是电流型电荷泵更容易使充放电特性一致，非对称性很少，而且开关时鲜有死区。因此电流型电荷泵电路很少发生确定性抖动，有利于高性能化。电荷泵电路的作用在于尽可能准确地将鉴频鉴相器检测出的相位差转换成电流或电压脉冲，为滤波器充电。也就是说，我们需要尽可能将小相位差转换为准确比例的细微脉冲，并传输给滤波器。

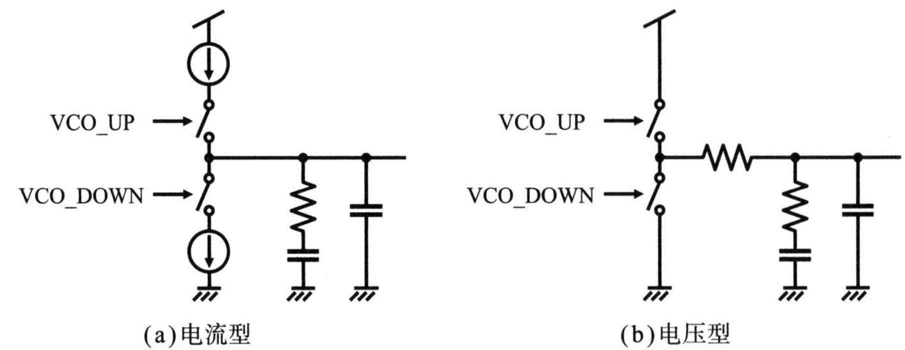

图8.6　电荷泵电路的种类

图8.7展示了电荷泵电路的理想特性和实际特性。电荷泵电路有时无法对细微脉冲作出反应，引发没有输出脉冲的死区。电荷泵电路必须尽量避免这种状态的发生。

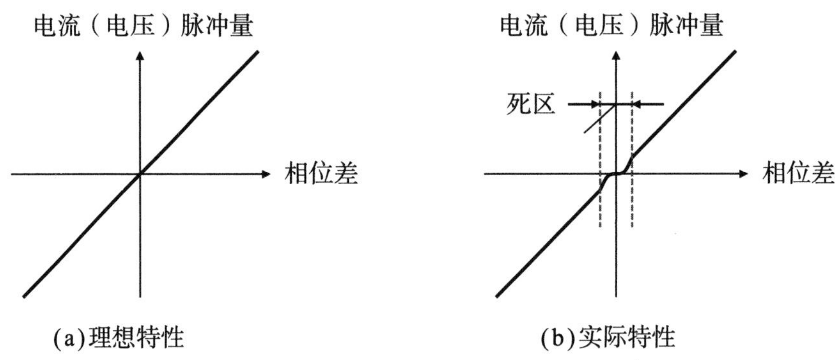

图8.7　电荷泵电路的理想特性和实际特性

我们来讲解一下实际上是什么原因引发了死区。电荷泵电路的死区发生在电荷泵电路无法对鉴频鉴相器输出的细微脉冲作出反应时。鉴频鉴相器产生的最小脉冲取决于鉴频鉴相器复位前的延迟时间，如图8.4所示。所以要想避免死区的产生，就要防止延迟时间过小，以至于电荷泵电路无法作出反应。因此我们需要故意在复位环路中插入延迟元件，以延长延迟时间（图8.8）。

电荷泵电路要进行电流或电压脉冲的充放电，所以充电脉冲和放电脉冲的量必须准确一致。下面我们来介绍充放电脉冲量误差会引发什么现象。

假设鉴频鉴相器的两个输入的相位差为零，这时将图8.4中的电荷泵电路的充放电开关切换为ON，同时输出充放电脉冲，脉冲量等于复位脉冲量。如果与

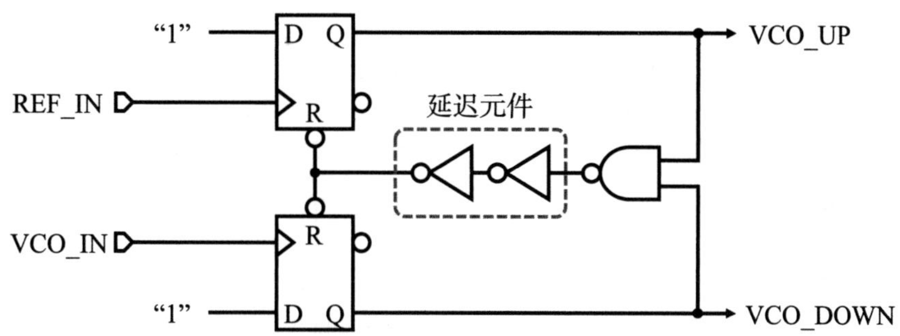

图8.8 电荷泵电路防止死区的措施

充放电脉冲量相等，滤波器和电荷之间互不影响，VCO的控制电压也不变。但如果脉冲量不相等，每当鉴频鉴相器工作，滤波器中泄漏的电荷量就等于脉冲量的差。换言之，每当输入信号的沿到来，PLL就有脉冲输入。当PLL有连续脉冲输入时，相位响应波形如图8.9所示。

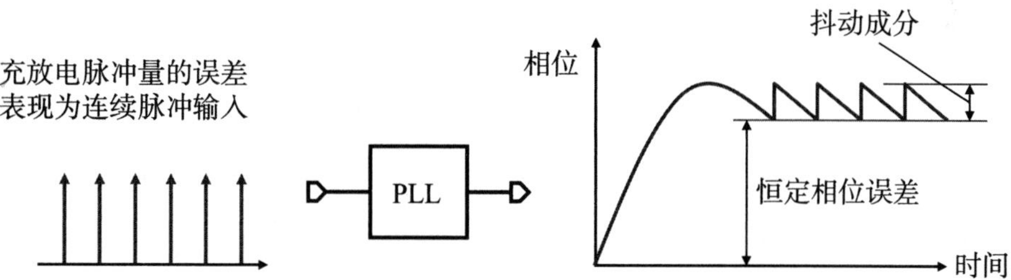

图8.9 连续脉冲输入对应的PLL输出相位响应

从图中可知，向PLL输入连续脉冲时，PLL的鉴频鉴相器的两个信号会产生恒定的时间差（形成恒定相位误差）。而且相位以输入的脉冲信号的周期变化，这种细微的变化表现为PLL的输出相位个体差异（被称为确定性抖动）。这种恒定相位误差和抖动成分的发生会使PLL特性劣化，所以在设计时要特别注意不能使电荷泵电路中产生充放电脉冲误差。综上所述，要想使电荷泵电路不产生死区，需要调整鉴频鉴相器的最小脉宽。但如果脉宽过大，又会引发充放电脉冲误差，产生较大的误差信号，增大确定性抖动，需要权衡。

8.1.3 环路滤波器

图8.10展示了环路滤波器的电路结构。用于LSI的环路滤波器的结构可分为图(a)和(c)中的二阶滤波器及图(b)和(d)中的三阶滤波器。又可分为图(c)和(d)中使用运算放大器的有源滤波器和除此之外的无源滤波器。使用有源滤波器能够稳定电荷泵电路的输出，因此可以有效应对PLL的锁频率大范围变化的情况，如电荷泵电路输出电位剧烈变化。

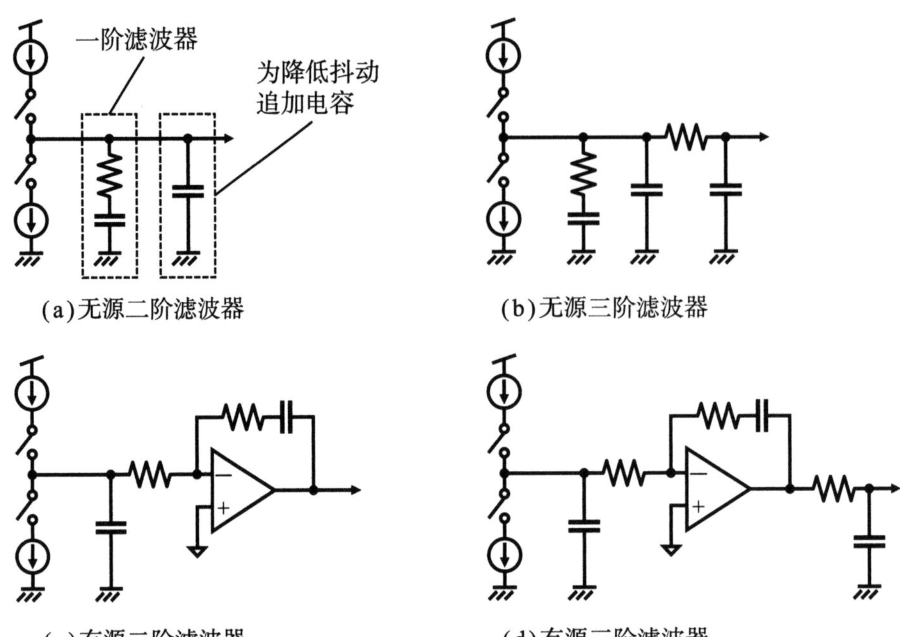

图8.10　环路滤波器的种类

图8.11比较了使用一阶滤波器和二阶滤波器的电荷泵电路的响应。

使用一阶滤波器时，如图8.11(a)所示，滤波器信号急剧变化，VCO的频率变化较大。也就是说，该频率变化变成了相位变化，PLL中发生被称为模式抖动（pattern jitter）的相位变化。

使用二阶滤波器时，如图8.11(b)所示，滤波器信号的变化比并联追加电容的一阶滤波器更平滑。因此可以使频率变动低于一阶滤波器，抑制模式抖动。追加电容越大，模式抖动的抑制效果越显著。但如果电容值过大，则PLL的响应不稳定，因此电容有一定限制。使用三阶滤波器时模式抖动的抑制效果更强。而且使用三阶滤波器有助于减少VCO的低频区域的相位噪声。因此这种电路结构适用于分频比极高的PLL和相位噪声影响较大的通信用频率合成器。

图8.11　环路滤波器的响应比较

8.1.4 VCO

VCO电路结构复杂多样，本书的重点不在于讲解所有结构类型，在此只对VCO电路的种类进行概述。

压控晶体振荡器（voltage controlled crystal oscillator，VCXO）：这种振荡器是使用水晶振子的VCO，振荡输出频率不受温度和电源电压的影响，精度极高且稳定，振荡输出频率的变化幅度非常小。用这种振荡器组成PLL时，可以从开始的锁定状态（输入信号和VCXO的频率差始终在PLL的锁定范围内）启动PLL。因此PLL非常容易设计。相对的，VCXO常常价格高昂，提高了成本。

*LC*振荡器：使用电感*L*和电容*C*的振荡器。能够组成GHz频带的振荡器，也被用于便携式无线系统。决定振荡频率的*L*和*C*值虽不像水晶振子那样完全不受温度和电源电压的影响，但也比较稳定，振荡输出也很稳定。振荡频率常采用变容二极管等可变电容进行调整。电感这种元件很难集成在LSI内部，但近年来随着LSI技术的发展，它被内置的情况越来越多。*LC*振荡器能够完美地将相位噪声降到最小，适用于低相位噪声系统。

Gm-C振荡器：由有源元件组成的跨导（电压电流转换器）和电容*C*组成的振荡器。这种振荡器的工作原理与*LC*振荡器基本相同，不同的是组成电路的电感并非线圈，而是跨导。可以通过电气性改变跨导的电流转换效率来改变振荡频率。振荡频率可达100MHz。

*CR*振荡器：电容*C*、电阻*R*和运算放大器组成的振荡器。图8.12中的文氏电桥振荡器和状态变量振荡器是它的基本电路结构。这种振荡器适合低频，频率可达30kHz。

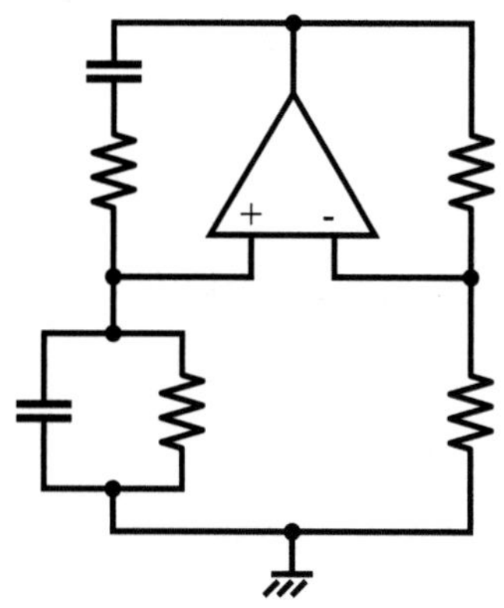

图8.12 文氏电桥振荡结构

反相器链振荡器：将反相器多级连接作为振荡器使用。通过控制流过反相器电路的电流，可以轻而易举地改变振荡频率。为了增加抗噪性，有时也使用施密特触发器式反相器。

反相器链振荡器结构简单，使用方便，但由于振荡频率会因电源电压和温度影响而剧烈变化，需要采取输出频率的稳定化措施，由此引出多种电路结构。反相器链振荡器与LC振荡器不同，原理上无法将相位噪声特性降到足够低，因此不适用于低相位噪声系统。

8.1.5　分频器

分频器是由数字电路构成的计数器，大致分为异步型和同步型。异步型会产生时钟的传播延迟，影响PLL的响应特性，因此应该尽可能使用同步计数器结构。采用异步计数器的级联连接结构时，需要通过VCO输出锁存最终输出，以此消除传播延迟，如图8.13所示。

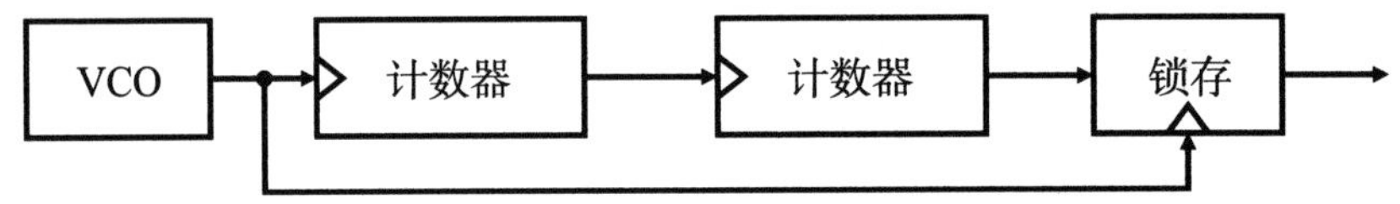

图8.13　异步型计数器的传播延迟的消除方式

除此之外，还有一种结构不只是将计数器级联连接，而是按时间改变分频器的分频数，连续控制分频数。图8.14展示了具备吞脉冲分频器的PLL模块图[8]。吞脉冲分频器由被称为双模前置分频器的可在N分频和N+1分频之间切换分频数的高速分频器，以及由分频器输出来驱动的脉冲计数器（P计数器）和脉冲吞计数器（S计数器）组成。

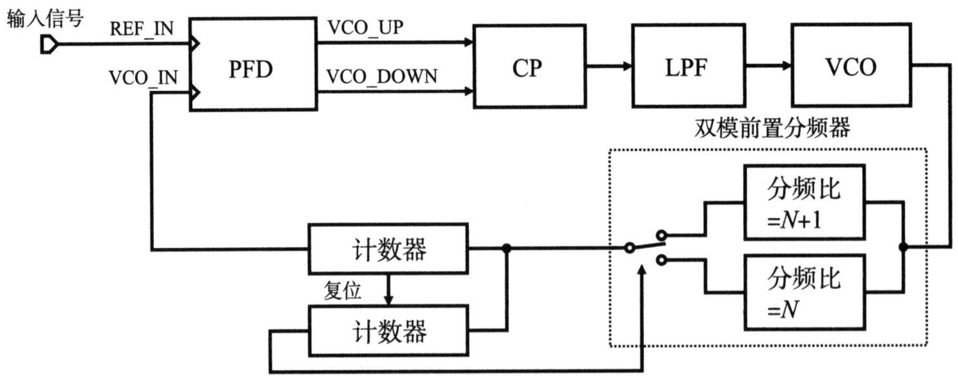

图8.14　具备吞脉冲分频器的PLL的模块图

在吞脉冲分频器中，脉冲计数器进行P计数时的S计数中，将双模前置分频器的分频比设定为N+1，将剩下的P−S计数设定为N分频。因此输入信号对应的分频比为PN+S，如图8.15所示。

$PN+S$的S不受PN影响，可以独立设定，对分频比的设定可以比单纯级联连接计数器的分频比更细致。

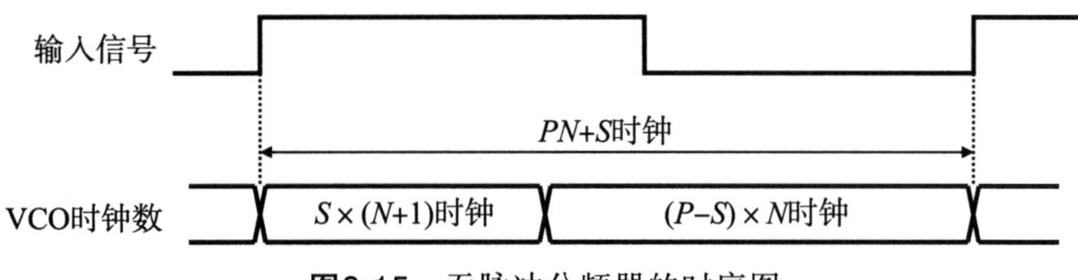

图8.15 吞脉冲分频器的时序图

从PLL的输入信号周期来看，吞脉冲分频器的$PN+S$是固定的。但是支持分数分频的分频器中，PLL的每个输入信号下，分频比都会变化[9]。图8.16展示了ΔΣ调制器，也就是改变吞脉冲分频器的计数值的分频器的PLL模块图。

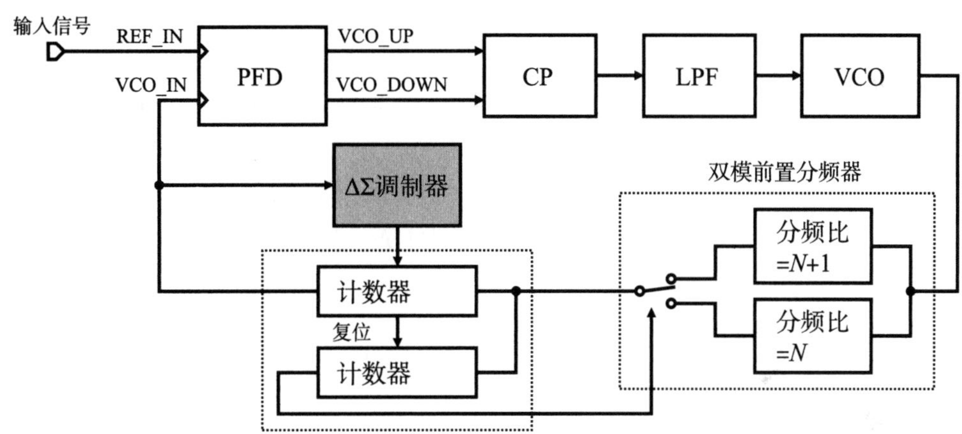

图8.16 具备分数分频器的频率合成器PLL的模块图

ΔΣ调制器在每个信号处更新吞脉冲分频器的$PN+S$的P和S值。因此分频比为每个小时的分频数的平均值，能够得到比整数更小的分数值。分频比在每个输入信号处都会发生变化，所以会产生量化开关噪声。但由于分频数变化采用了ΔΣ调制，所以开关噪声成分集中在高频范围，PLL的响应本身具有低通滤波器特性，所以出现在PLL的输出相位的开关噪声成分会因PLL的响应特性衰减。为了有效消除这种开关噪声成分，我们需要降低PLL的响应频率。然而如果将PLL的响应频率设置得过低，PLL输出又容易出现VCO的相位噪声，因此需要为PLL的响应频率寻找最佳方案，使开关噪声和VCO的相位噪声的和降到最低。

8.2 PLL的传递函数

本节将介绍PLL的传递函数。PLL的传递函数是计算PLL的相位特性和抖动特性时必不可少的参数。图8.17展示了将PLL画成线性电路的模块图，这里的研究对象是电荷泵PLL。

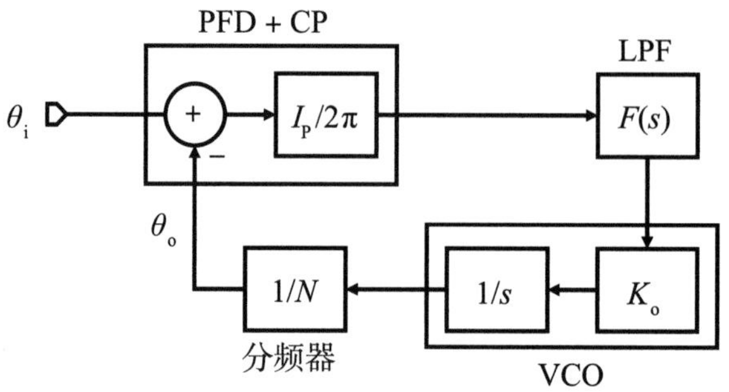

图8.17 电荷泵PLL的线性系统模块图

鉴频鉴相器和电荷泵电路的机能分别表现为具有减法器和$I_p/2\pi$增益的放大器。其中I_p是电荷泵电路的充电电流。环路滤波器的传递函数为$F(s)$，VCO的传递函数为K_o/s。K_o表示VCO的输入电压对振荡角频率的增益。VCO的输出是频率，但在此系统中用来处理相位信号。所以要将用于转换频率为相位的拉普拉斯变量的积分算子$1/s$作为VCO的传递函数。分频器使VCO输出的振荡频率衰减至$1/N$。也就是说，分频器会将VCO的增益变为$1/N$。因此增益为$1/N$的衰减器要在模块图中标记出来。

图8.18展示了为什么鉴频鉴相器和电荷泵的增益是$I_p/2\pi$。充电电流I_p作为相位比较信号，只在相位差为θ_e期间被输出。

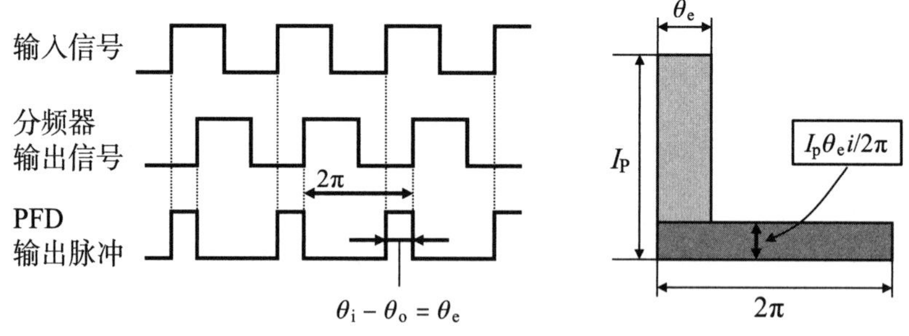

图8.18 充电脉冲的平均化

此电流脉冲在整个时钟周期内，连续输出的平均输出电流值为$I_p\theta_e/2\pi$，所以相位比较器和电荷泵电路的总相位信号增益为$I_p/2\pi$。

为了描述PLL的响应特性，我们需要掌握下面三种特性。

（1）输入相位变化对输出相位特性（$\theta_o(s)/\theta_i(s)$）：这种频率特性表示输入相位变化时，PLL的输出信号相位如何随之变化。

（2）输入相位变化对相位误差特性（$\theta_e(s)/\theta_i(s)$）：这种频率特性表示输入相位变化时，向PLL的鉴频鉴相器中输入的两个信号的相位差如何变化。

（3）输入频率变化对相位误差特性（$\theta_e(s)/\Delta\omega(s)$）：这种频率特性表示输入信号的频率变化时，向PLL的鉴频鉴相器中输入的两个信号的相位差如何变化。

8.2.1 输入相位变化对输出相位特性的计算

我们利用图8.17计算$\theta_o(s)/\theta_i(s)$。从模块图可以得到下列方程式：

$$\frac{\left[\theta_i(s)-\theta_o(s)\right]\frac{I_p}{2\pi}F(s)\frac{K_o}{N}}{\mathrm{s}}=\theta_o(s) \tag{8.1}$$

根据式（8.1）计算$\theta_o(s)/\theta_i(s)$可以得到

$$\frac{\theta_o(s)}{\theta_i(s)}=\frac{I_pF(s)K_o}{I_pF(s)K_o+2\pi Ns}=\frac{G(s)}{1+G(s)} \tag{8.2}$$

其中应用到

$$G(s)=\frac{I_pF(s)K_o}{2\pi Ns} \tag{8.3}$$

下面具体代入环路滤波器的传递函数$F(s)$

$$F(s)=R+\frac{1}{sC} \tag{8.4}$$

则式（8.2）可以变形为

$$\frac{\theta_o(s)}{\theta_i(s)}=\frac{\frac{I_pK_oR}{2\pi N}\mathrm{s}+\frac{I_pK_o}{2\pi NC}}{s^2+\frac{I_pK_oR}{2\pi N}s+\frac{I_pK_o}{2\pi NC}} \tag{8.5}$$

将式（8.5）进行如下变形，便于理解其特性：

$$\frac{\theta_o(s)}{\theta_i(s)}=\frac{Ks+K\omega_2}{s^2+Ks+K\omega_2} \tag{8.6}$$

代入下述变量

$$K=\frac{I_pK_oR}{2\pi N} \tag{8.7}$$

$$\omega_2 = \frac{1}{CR} \tag{8.8}$$

这时的频率特性为低通滤波器特性，如图8.19所示。

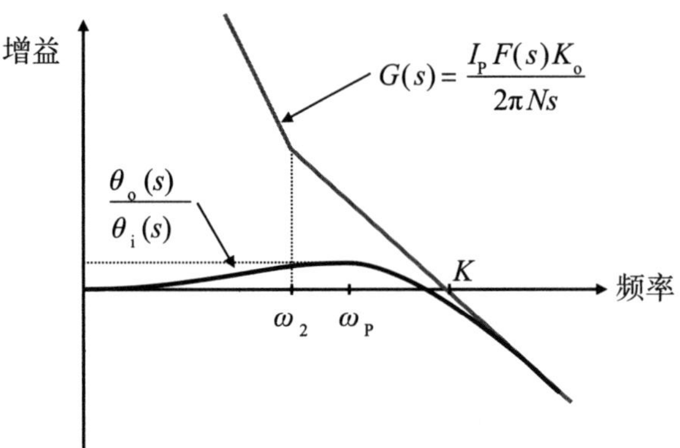

图8.19　PLL的输入输出相位响应的频率特性

8.2.2　输入相位变化对相位误差特性的计算

将$\theta_o(s)=\theta_i(s)-\theta_e(s)$代入$\theta_o(s)/\theta_i(s)$，可以得到下式：

$$\frac{\theta_e(s)}{\theta_i(s)} = 1 - \frac{\theta_o(s)}{\theta_i(s)} \tag{8.9}$$

也就是说，$\theta_e(s)/\theta_i(s)$相当于1减去输入相位变化对输出相位特性$\theta_o(s)/\theta_i(s)$的差。所以$\theta_e(s)/\theta_i(s)$为

$$\frac{\theta_e(s)}{\theta_i(s)} = \frac{2\pi Ns}{I_p F(s) K_o + 2\pi Ns} = \frac{s^2}{s^2 + Ks + K\omega_2} \tag{8.10}$$

这时的频率特性为高通滤波器特性，如图8.20所示。

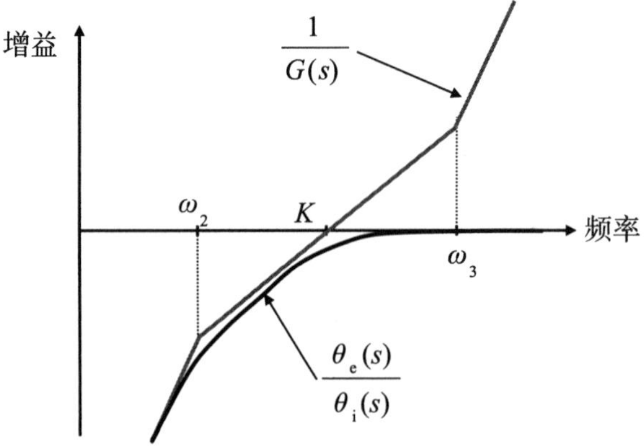

图8.20　PLL的相位误差响应的频率特性

8.2.3　输入频率变化对相位误差特性的计算

将$\theta_i(s)=\Delta\omega(s)/s$代入式（8.10）求出相位误差响应：

$$\frac{\theta_e(s)}{\Delta\omega(s)}=\frac{1}{s}\times\frac{2\pi Ns}{I_pF(s)K_o+2\pi Ns} \tag{8.11}$$

所以输入频率变化对相位误差特性可以用下式表示：

$$\frac{\theta_e(s)}{\Delta\omega(s)}=\frac{2\pi N}{I_pF(s)K_o+2\pi Ns}=\frac{s}{s^2+Ks+K\omega_2} \tag{8.12}$$

用频率特性表示式（8.12），则表现为频率ω_2到K区域内的带通滤波器特性，如图8.21所示。

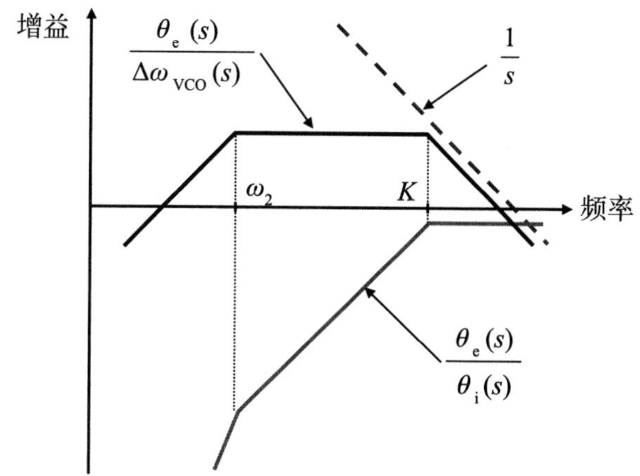

图8.21　频率变动对相位误差响应的频率特性

综上所述，PLL有三种传递函数，它们的传递特性分别总结如下：

（1）输入相位变化对输出相位特征表现出低通滤波器（LPF）特性。

（2）输入相位变化对相位误差特性表现出高通滤波器（HPF）特性。

（3）输入频率变化对相位误差特性表现出带通滤波器（BPF）特性。

8.3　PLL的传递函数最优化

我们在8.2节讲解了具有二阶传递函数的PLL。基本的PLL环路特性只用一阶滤波器就可以充分解析。但二阶滤波器能够抑制模式抖动，是一种更加实用的环路滤波器。下面我们讲解二阶环路滤波器下的三阶环路PLL，以及三阶环路滤波器下的四阶环路PLL的传递函数及其最优化。

8.3.1　二阶环路滤波器的最优化

图8.22展示了三阶环路PLL的传递函数最优化的设计参数，图8.23展示了三阶环路PLL的最佳频率特性。

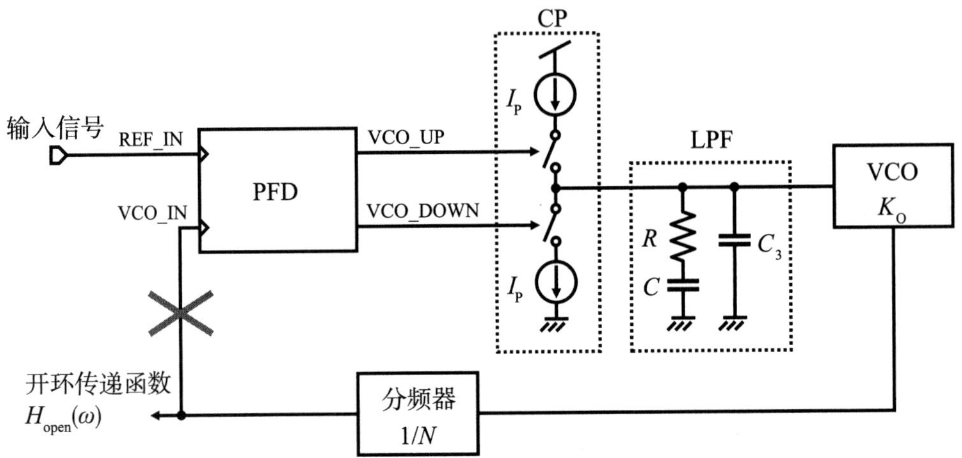

图8.22　三阶环路PLL的设计参数

如图8.22所示，求出用分频器输出打开PLL环路的开环传递函数$H_{open}(\omega)$，确定滤波器常数，使相位裕量最大。也就是说，三阶环路PLL的最佳传递函数取决于PLL的环路带宽（固有频率ω_n）、平滑滤波器C_3，以及通过环路滤波器的主电容C计算出的电容比参数$b(=1+C/C_3)$：

$$H_{opt}(s)=\frac{\omega_n^2\sqrt{b}\left(s+\dfrac{\omega_n}{\sqrt{b}}\right)}{s^2\left(s+\omega_n\sqrt{b}\right)} \tag{8.13}$$

由式（8.13）可知，$s=j\omega_n$时的增益为1，而且相位极大，且此时相位裕量只取决于参数b。只要确定的元件参数使得任何结构的PLL中的传递函数都与式

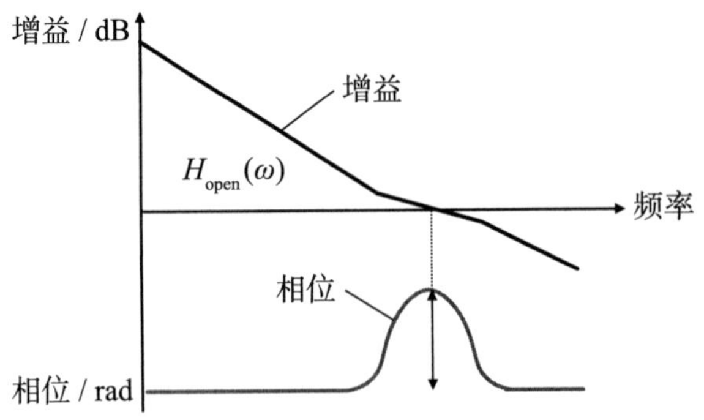

图8.23　三阶环路PLL的最佳频率特性

（8.13）相同，则可实现PLL的最优化。图8.22中的电荷泵PLL的传递函数如下式所示：

$$H_{\text{open}}(s)=\frac{K_{\text{o}}I_{\text{p}}R}{2\pi}\times\frac{(b-1)\left(s+\dfrac{1}{\tau_2}\right)}{s^2\tau_2\left(s+\dfrac{b}{\tau_2}\right)} \tag{8.14}$$

其中，$\tau_2=CR$。

使式（8.13）与式（8.14）的传递函数一致，则可以实现PLL的最优化。这时按照式（8.15）～（8.20）的顺序可以得到最佳元件参数。

$$\tan(\Phi_{\text{M}})=\frac{2\zeta(\zeta+1)}{1+2\zeta} \tag{8.15}$$

$$(2\zeta+1)^2=b \tag{8.16}$$

$$\omega_{\text{n}}=\frac{\sqrt{b}}{\tau_2} \tag{8.17}$$

$$K\tau_2=\frac{b\sqrt{b}}{b-1} \tag{8.18}$$

$$K=\frac{K_{\text{o}}I_{\text{p}}R}{2\pi} \tag{8.19}$$

$$\tau_2=CR \tag{8.20}$$

其中，ϕ_{M}是开环传递函数$H_{\text{open}}(s)$的相位裕量。ϕ_{M}确定后，可以通过式（8.15）求出ξ，通过式（8.16）求出b。PLL的响应频率ω_{n}取决于后面说到的相位噪声最优化或抖动最优化。因此假设已经求出ω_{n}，就可以通过式（8.17）求出τ_2。这样一来就可以通过（8.18）求出K，VCO的增益K_{o}在设计时已经确定，所以选择I_{p}和R值时要注意满足相位噪声特性，并且使电路面积最小。也就是说，通过式（8.19）和式（8.20）可以计算出所有PLL参数。无论I_{p}和R值怎样组合，都不会对PLL的响应产生影响。

8.3.2 三阶环路滤波器的最优化

怎样实现使用三阶环路滤波器的四阶环路PLL的传递函数的最优化呢？很遗憾，到目前为止尚未出现具有普遍性的四阶环路PLL的最佳传递函数公式。因此人们重新提出了下面的近似式，研究最优化的方法。

$$H_{\mathrm{opt}}(s)=\frac{\left(\frac{\sqrt{b}}{\omega_{\mathrm{n}}}s+1\right)}{\left(\frac{s^2}{\omega_{\mathrm{n}}^2}\right)\left(\frac{s^2}{\alpha\omega_{\mathrm{n}}^2}+\frac{s}{\omega_{\mathrm{n}}}+\sqrt{b}+\frac{1}{\alpha}\right)} \tag{8.21}$$

式（8.21）可以证明ω_{n}的开环增益为1，但相位裕量并非极大。实际上，增益交点到相位裕量的顶点略有错位。因此，式（8.21）是否达到适宜的近似值要通过顶点错位的程度来判断。图8.24展示了实际相位裕量的顶点与ω_{n}之间错位的程度，以及式（8.21）中α和b变化后的结果。

由图可知，即使b值变化，也可以通过选择α值来将误差控制在5%以内。

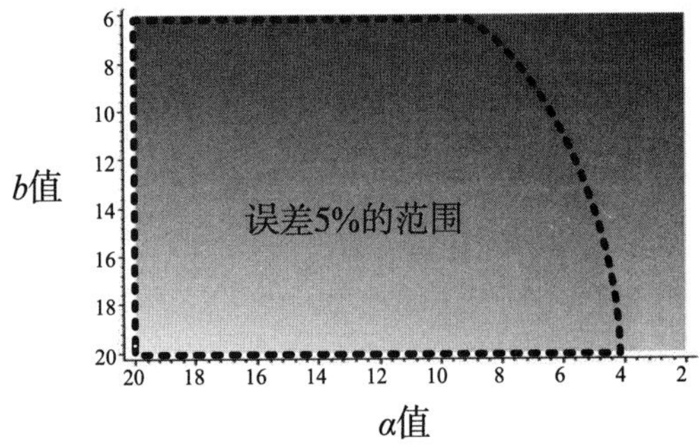

图8.24　四阶环路PLL的最佳函数近似式的有效范围

8.3.3　环路带宽的最优化

PLL的带宽最优化通常需要使PLL的相位噪声量最小。相位噪声的主要发生原因有三种：输入端子输入的输入相位噪声、电荷泵电路的电流源输出的电流相位噪声，以及组成VCO的设备输出的与VCO输出重叠的VCO相位噪声。对于输入相位噪声和电流相位噪声，噪声会从PLL输入传递到输出，所以要乘以输入相位变化对输出相位特性（$\theta_{\mathrm{o}}(s)/\theta_{\mathrm{i}}(s)$）的传递函数。根据图8.25的模块图，设电荷泵电路的复位脉宽为θ_{r}，电流源输出噪声为I_{n}，电荷泵电路的输出电流为I_{p}，则电流相位噪声经过输入换算后为$I_{\mathrm{n}}\times\theta_{\mathrm{r}}/I_{\mathrm{p}}$。而VCO相位噪声对PLL输出的影响如图8.25所示，经过对模块图的分析，可以分析出相位噪声传递特性。

通过图8.25的模块图计算VCO相位噪声θ_{n}的VCO输出频谱的传递函数。此次输入相位θ_{i}在模块图中未发生变化，可以设为0。

因此求出θ_{n}到θ_{o}的传递函数，扩大到N倍后可以计算出向VCO输出频谱的传递函数。根据模块图8.25(a)，下式成立：

$$\frac{\left[\theta_{\mathrm{i}}(s)-\theta_{\mathrm{o}}(s)\right]\frac{I_{\mathrm{p}}}{2\pi}F(s)K_{\mathrm{o}}+\theta_{\mathrm{n}}(s)}{sN}=\theta_{\mathrm{o}}(s) \tag{8.22}$$

其中，$\theta_{\mathrm{i}}(s)=0$，求$\theta_{\mathrm{o}}(s)$，可以得到下式：

$$\theta_{\mathrm{o}}(s)=\frac{2\pi s\theta_{\mathrm{n}}(s)}{I_{\mathrm{p}}F(s)K_{\mathrm{o}}+2\pi Ns} \tag{8.23}$$

VCO的相位噪声是θ_{o}的N倍，可以导出下式：

$$N\theta_{\mathrm{o}}(s)=\frac{2\pi sN\theta_{\mathrm{n}}(s)}{I_{\mathrm{p}}F(s)K_{\mathrm{o}}+2\pi Ns}=\frac{\theta_{\mathrm{e}}(s)}{\theta_{\mathrm{i}}(s)}\times\theta_{\mathrm{n}}(s) \tag{8.24}$$

也就是说，通过乘以输入相位变化对相位误差特性$\theta_{\mathrm{e}}(s)/\theta_{\mathrm{i}}(s)$，可以分析得到VCO的相位噪声对PLL输出的影响。

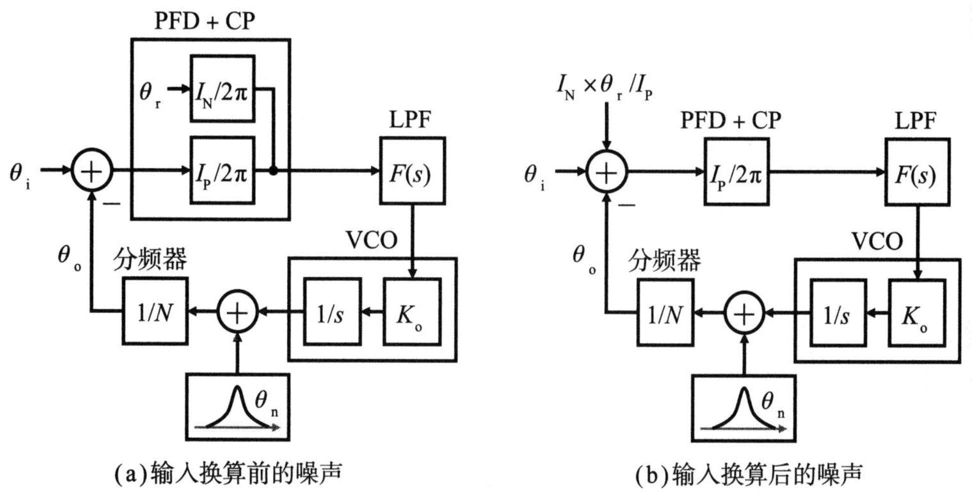

(a)输入换算前的噪声　(b)输入换算后的噪声

图8.25　PLL各种噪声带来的影响解析模块图

图8.26展示了PLL的噪声源频谱和PLL输出频谱的关系。如图8.26(a)所示，输入相位噪声的输入相位变化对输出相位特性做乘法；如图8.26(b)所示，VCO

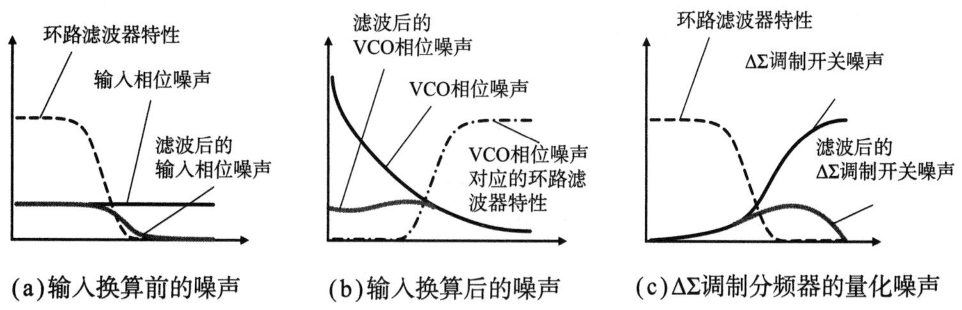

(a)输入换算前的噪声　(b)输入换算后的噪声　(c)ΔΣ调制分频器的量化噪声

图8.26　PLL的噪声源频谱和PLL输出频谱的关系

相位噪声的输入相位变化对相位误差特性做乘法。使用ΔΣ调制分频器时产生的量化噪声如图8.26(c)所示，输入相位变化对输出相位特性做乘法。为了使上述相位噪声最优化，只要调整PLL的环路带宽，使各种输出相位噪声成分的合计达到最小即可。

下面我们来讲解电源噪声等相关的PLL的传递函数的最优化方法。如前文所述，PLL对于电源噪声等使VCO频率发生变化的噪声展示出带通特性。因此图8.27中的VCO电路的PSRR特性较差的区域内必须有带通特性的峰值。如果PLL的环路带宽过高，则噪声灵敏度高的部分会移动到PSRR特性不良的部分，导致电源噪声灵敏度升高。

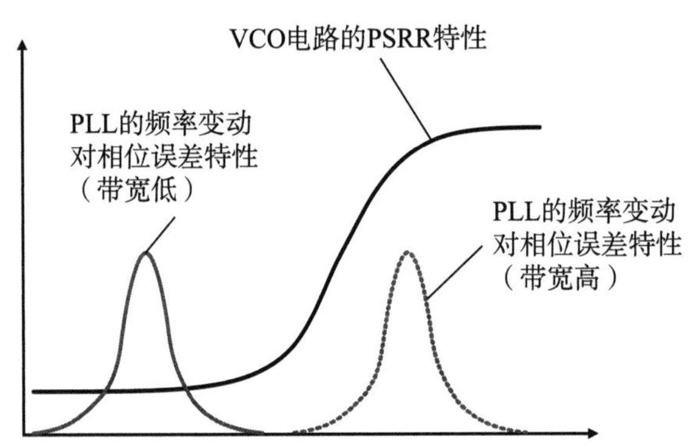

图8.27 针对电源噪声的PLL的传递函数的最优化

8.4 PLL的抖动特性

PLL的最优化通常要确定频率特性，使相位噪声量最小。而PLL特性并非通过频率范围，而是通过时间范围的抖动量来表现，因此我们需要摸清这些特性之间的关系。

振荡器的抖动特性如图8.28所示，例如在n周期抖动特性中，表现为n个时钟前的相位和现在的相位的差。

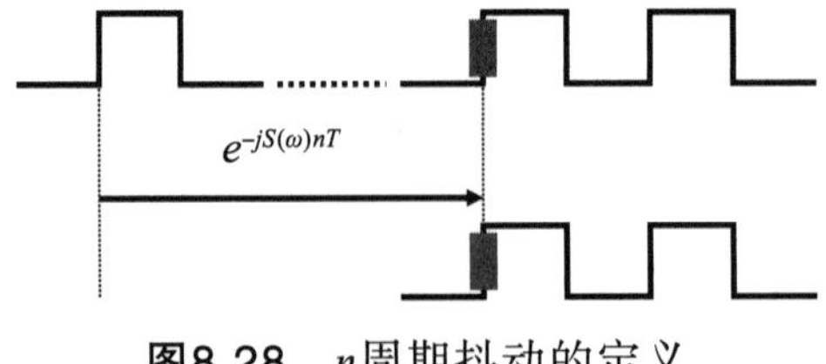

图8.28 n周期抖动的定义

也就是说，从振荡器到n周期抖动的相位传递函数为$1^{-ejS(\omega)nT}$，其中T表示振荡器的振荡周期，n表示与几个时钟前的相位的差。即相邻周期间抖动为1，如果想要测量100个时钟后的抖动积累，需要设$n = 100$。而且需要为$S(\omega)$提供振荡器的相位噪声频谱。提供给相位抖动的振荡器相位噪声量P_{n}表示如下：

$$P_{\mathrm{n}} = \sqrt{\int_0^{\infty} S(\omega)^2 \left(1 - e^{-j\omega nT}\right)^2 \mathrm{d}\omega} \tag{8.25}$$

如图8.29所示，1相邻周期间抖动的情况下，频率$1/(2T)$的奇数倍频率下灵敏度最高。所以振荡器的1相邻周期间抖动的相位噪声在高频成分部分的灵敏度高于低频成分。n相邻周期间抖动在n较大的情况下，频率频谱如图8.30所示，对低频成分灵敏度高。

n周期抖动为相对抖动，周期抖动有绝对偏差，因此周期抖动表示为相邻周期间抖动$\times\sqrt{(1/2)}$。

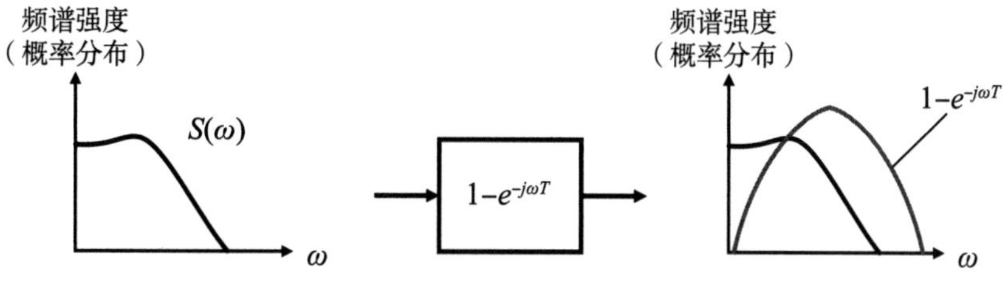

图8.29　相邻周期间抖动的计算方法

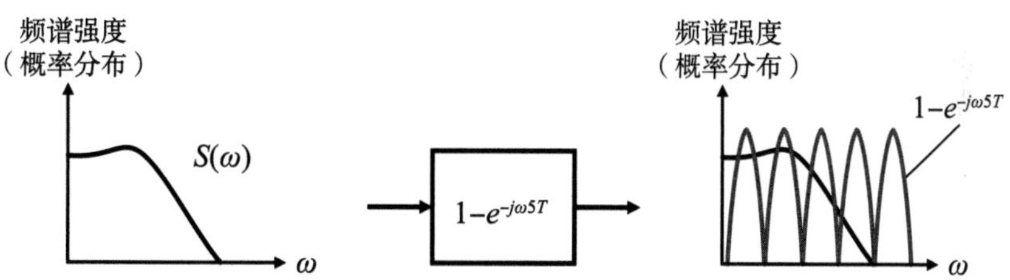

图8.30　n周期抖动$(n = 5)$时的计算方法

第9章
AD转换器

模拟数字转换电路（AD转换器）正如其名，是将模拟信号转换为数字信号的电路。AD转换器不仅在无线通信设备中不可或缺，在传感设备等各种处理模拟信号的系统中也必不可少。本章将讲解AD转换器的性能指标、AD转换器的种类以及AD转换器产生的噪声。

9.1 AD转换器的性能

真实世界中的光、声音、电波、温度和压力等物理信号均为模拟信号，我们可以通过AD转换器将它们数字化，并进行高级运算和存储等处理。这个过程中，以怎样的准确度将模拟信号转化为数字信号是决定后半段数字信号处理性能的重要因素。此外，由于AD转换器被安装在所有传感器和无线设备上，所以它的小型低功耗化也同时受到人们的关注。可以说，AD转换器的性能能够左右系统的性能。基于以上原因，众多技术人员和研究人员对AD转换器做出了改良，使其成为十几年来性能提升最显著的电路之一。

如图9.1所示，AD转换器的性能指标包括分辨率、有效位数、采样频率、输入信号频带、功耗和面积等，这些数值之间通常存在平衡关系。其中会用到一种表示AD转换器性能的共同性指标——优质因数（figure of merit，FoM）。最普及的FoM是Walden提出的FoM，用下式表示：

$$FoM_{\mathrm{W}} = \frac{P}{2^{ENOB} \cdot F_{\mathrm{s}}} \tag{9.1}$$

FoM_{w}的单位是J/conversion step，可以视为转换1bit所需的能量。也就是说，FoM_{w}的值越小，功率效率越高。近年来，R.Schreiere等提议将下式中的FoM用于高分辨率AD转换器：

$$FoM_{\mathrm{S}} = SNDR + 10 \cdot \log\left(\frac{B_{\mathrm{W}}}{P}\right) \tag{9.2}$$

FoM_{S}的单位与SNR同样为dB，值越大，效率越高。

ISSCC（international solid-State circuits conference）和VLSI symposium

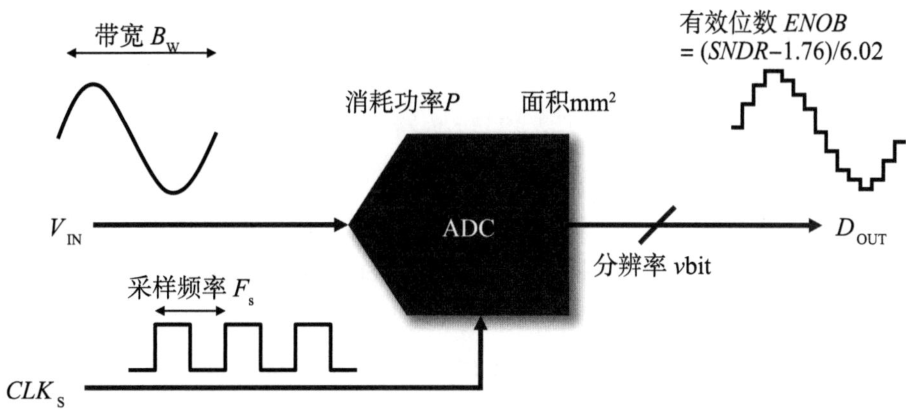

图9.1 AD转换器的参数

上公布的AD转换器每年都在争相刷新*FoM*记录。美国斯坦福大学的Boris Murmann教授构思并公开了实际ISSCC和VLSI symposium上发布的AD转换器的所有性能，据此，2006年至2016年的十年内，FoM_W的数值约降至1/1000（图9.2）。支撑此革命性发展的主要原因之一就是半导体工艺的微细化。

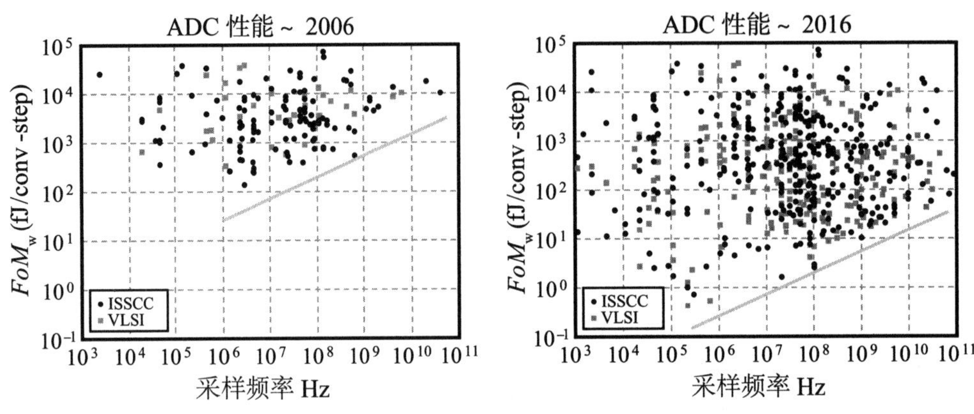

图9.2　AD转换器的*FoM*

通常情况下，工艺微细化可以带来数字电路高速化、低功耗化等好处，但是模拟电路中反而容易因元件个体差异的增加等导致性能劣化。但AD转换器输出的是数字信号，十分适合于使用数字电路的校正技术。也就是说，微细化带来的模拟电路性能劣化可以通过高性能微细数字电路进行测量和校正。以往的AD转换器结构大部分是由放大器等模拟电路组成的，而现在变化为以数字工作为主体的结构。这样的结果是，数字电路的微细化带来的性能提升也带来了AD转换器的性能提升。

9.2　AD转换器的种类

根据不同的分辨率和采样速度，AD转换器具有许多结构形式。实际产品中常用的AD转换器结构包括图9.3中的并行比较型AD转换器、流水线型AD转换器、逐次比较型AD变换型、ΔΣ型AD转换器。图9.3(a)中的并行比较型AD转换器利用多个并列的比较器同时比较输入信号和被分压为2^N-1个的基准电压，将比较结果编码并输出数字值。其间将模拟输入信号转换为数字值，因此不需要采样保持电路（S/H电路），转换速度是所有AD转换器结构中最快的。但是需要2^N-1个比较器，如果分辨率过高，面积和功耗也会指数级增大。图9.3(b)中的流水线型AD转换器将多个进行AD转换的级进行级联连接，通过流水线处理转换为数字值。各级对输入电压进行低分辨率的AD转换，根据得到的结果对输入信号进行加减运算，再向下一个级放大输出。

因此想要提高分辨率，只要增加级数即可，下位的转换也能够确保足够的输入范围。而且即使增加分辨率，流水线处理也能够维持转换速度，所以这种结构能够同时确保高分辨率和高速性。但是各级的放大功能使用的都是运算放大器，增加级数则面积和功率也会增加。图9.3(c)中的逐次比较型AD转换器的结构是将采样的模拟输入信号通过二分搜索转换为数字值，不使用运算放大器，结构简单，能够实现小型和低功耗化。但随着分辨率的提升，逐次比较次数也会增加，分辨率和转换速度存在平衡关系。图9.3(d)中的ΔΣ型AD转换器是对输入信号进行积分、微分后量化的结构。对噪声仅进行微分处理，所以噪声会向高频移动（高通滤波器）。噪声整形功能能够抑制低频区域的噪声，实现高分辨率化，但是必须用到下节提到的过采样，仅适用于窄带信号。

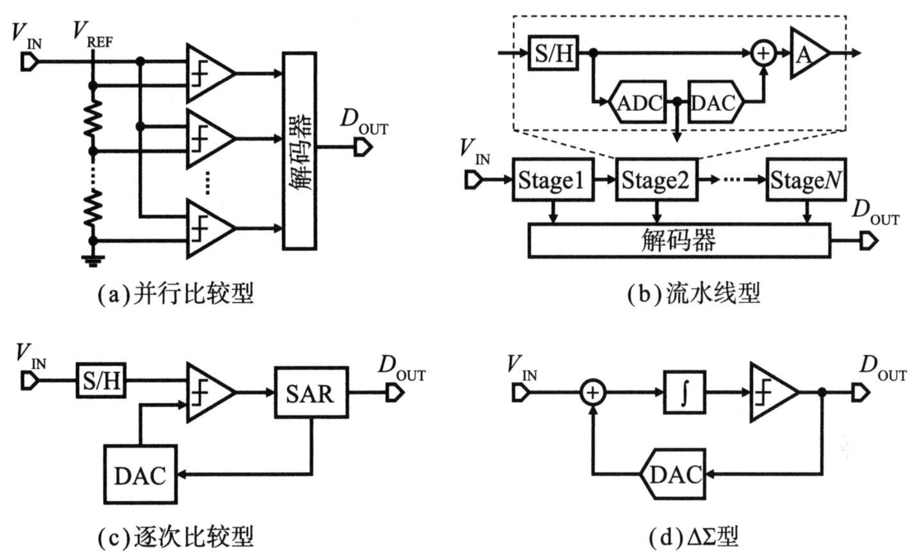

图9.3 AD转换器结构

图9.4按照过去（2010年）和现在（2020年）展示了这四种结构所适用的要求（分辨率、采样频率）。并行比较型AD转换器工作速度最快，但随着分辨率的增加，耗电量指数级增大，因此只限于4～7位的低分辨率用途。流水线型AD转换器曾广泛应用于高速、高分辨率领域，但现在使用范围受限。随着近年来电子设备的小型化、低功耗化要求，上述两种结构越来越少见。而逐次比较型AD转换器曾经只应用于低速及低～中速分辨率用途，近年来其应用领域迅速扩大，它已经发展到能够取代流水线型和并行比较型AD转换器。ΔΣ型AD转换器能够通过过采样和噪声整形技术实现高分辨率化，所以它现在仍然活跃在通信半导体芯片等高分辨率、低速（窄带）领域。本书将在第10章和第11章分别详细介绍逐次比较型AD转换器和ΔΣ型AD转换器。

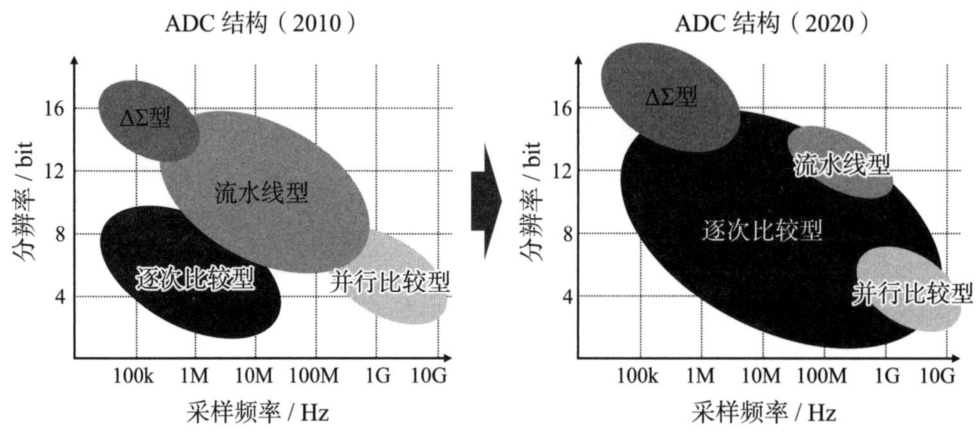

图9.4　AD转换器的种类

9.3 AD转换器的噪声

9.3.1 量化噪声

AD转换器的量化噪声指的是将模拟输入信号向数字数据标本化的过程中产生的误差。

图9.5是用于量化噪声计算的模式图。如图9.5左图所示，AD转换器在理想状态下对模拟输入线性输出数字值。实际被输出的数字代码因有限的量化阶跃（1LSB = q）呈阶梯状，产生图9.5右图灰色部分所表示的误差。这个误差就是量化噪声，AD转换器的分辨率n越大，量化噪声越小。这些量化噪声产生的噪声能量N_q计算如下：

$$N_q = \int_{-\frac{1}{2^{(N+1)}}}^{\frac{1}{2^{(N+1)}}} \left(2^N qt\right)^2 \mathrm{d}t \cdot 2^N = \frac{q^2}{12} \tag{9.3}$$

量化噪声是在奈奎斯特频率（采样频率f_s的1/2）下平均分布的白噪声。输入正弦波时信号的能量S计算如下：

$$S = \left(\frac{2^n q}{2\sqrt{2}}\right) = \frac{2^{2n} q^2}{8} \tag{9.4}$$

因此，SNR用信号能量S和量化噪声能量N_q的比来计算：

$$\begin{aligned} SNR &= 10\log\left(\frac{S}{N_q}\right) = 10\log\left(2^{2n} \cdot \frac{3}{2}\right) \\ &= 20\log 2^n + 10\log\frac{3}{2} = 1.76 + 6.02n \end{aligned} \tag{9.5}$$

也就是说，每增加1bit，*SNR*约改善6dB。根据式（9.5），AD转换器通过测量*SNR*可以计算有效位数（effective number of bit，ENOB）。实际AD转换器中不仅有量化噪声，还有热噪声和失真，通常我们在计算时要采用包含所有噪声量的SNDR（signal-to-noise distortion ratio）通过下式计算：

$$ENOB = \frac{SNDR - 1.76}{6.02} \tag{9.6}$$

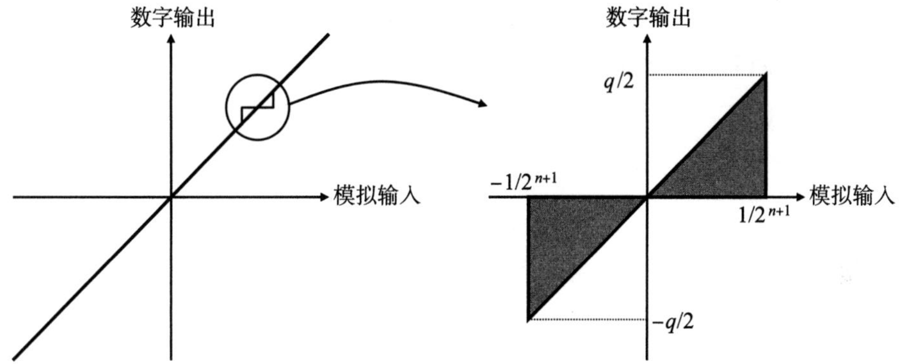

图9.5 量化噪声

9.3.2 热噪声

AD转换器中除了量化噪声，还要考虑采样保持电路中信号采样时产生的热噪声。图9.6展示了采样保持电路的噪声模型。

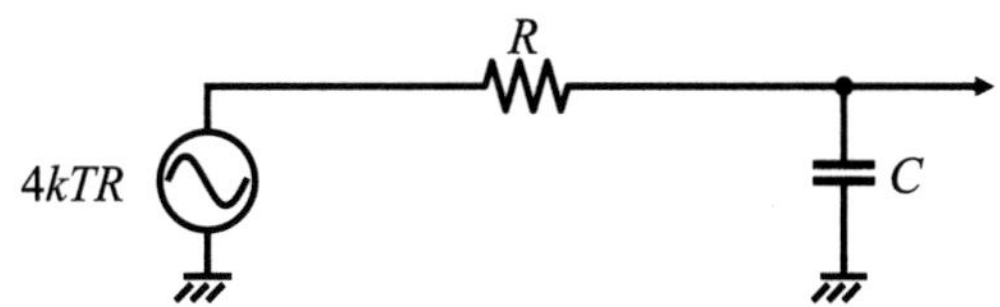

图9.6 采样保持电路的热噪声模型

采样保持电路可以用采样开关的导通电阻*R*和用于保持的电容*C*组成的低通滤波器电路的噪声模型表示。其中图9.6的低通滤波器电路的传递函数$H(s)$为：

$$H(s) = \frac{1}{sCR + 1} \tag{9.7}$$

因此输出的噪声V_o^2如下式所示：

$$V_o^2 = 4kTR \cdot \left|H(j\omega)\right|^2 = \frac{4kTR}{4\pi^2 R^2 C^2 f^2 + 1} \tag{9.8}$$

在全部频率范围对上述噪声积分，则能够计算出储存在电容中的所有噪声功率P_n：

$$P_{\mathrm{n}}=\int_{0}^{\infty}\frac{4kTR}{4\pi^{2}R^{2}C^{2}f^{2}+1}\mathrm{d}f=\frac{kT}{C} \tag{9.9}$$

由式（9.9）可以看出，储存的噪声与电阻值无关，只取决于电容值。也就是说，在采样保持电路中想要增大信号的SNR，必须增大电容。

AD转换器的内部电路中也存在其他热噪声源，我们将在后面的章节中详细讲解。

9.3.3　采样抖动的影响

AD转换器按照采样时钟的时间点对数据采样并进行数字化。所以如果时间点因相位噪声出现偏差，则时间误差会引发采样值的误差，使SNR劣化。

如图9.7(a)所示，假设采样抖动的分布为高斯分布。也就是说，设抖动的标准偏差为σ_{T}，则其概率密度分布$p(\tau)$用下式表示：

$$p(\tau)=\frac{1}{\sqrt{2\pi}\,\sigma_{\mathrm{T}}}\exp\left(-\frac{\tau^{2}}{2{\sigma_{\mathrm{T}}}^{2}}\right) \tag{9.10}$$

高斯分布的采样抖动根据采样波形的倾斜被转换为信号成分噪声（图9.7(b)），这时抖动噪声的期望值N_{e}计算如下：

$$N_{\mathrm{e}}=\frac{\partial f(t)}{\partial t}\cdot\int_{-\infty}^{\infty}|\tau|\,p(\tau)\,\mathrm{d}\tau \tag{9.11}$$

计算波形整体的采样抖动的影响时，求波形整体的均方即可。例如，输入信号为下式所表示的正弦波时

$$f(t)=A\sin(2\pi ft) \tag{9.12}$$

噪声功率E_{jrms}用下式计算：

$$\begin{aligned}E_{\mathrm{jrms}}&=\sqrt{\frac{1}{T}\int_{0}^{\mathrm{T}}{N_{\mathrm{e}}}^{2}\mathrm{d}t}\\&=\left(\sqrt{8\pi}\cdot f\cdot\sigma_{\mathrm{T}}\right)\cdot S_{\mathrm{rms}}=\left(\sqrt{8\pi}\cdot f\cdot\sigma_{\mathrm{T}}\right)\cdot\frac{A}{\sqrt{2}}\end{aligned} \tag{9.13}$$

量化噪声E_{qrms}用下式表示：

$$E_{\mathrm{qrms}}=\frac{S_{\mathrm{rms}}}{2^{N}\dfrac{\sqrt{6}}{2}} \tag{9.14}$$

因此，考虑采样抖动时，AD转换器整体的SNR用下式计算：

$$SNR = 20\log\left(\frac{S_{\mathrm{rms}}}{\sqrt{E_{\mathrm{jrms}}^2 + E_{\mathrm{qrms}}^2}}\right) = 20\log\left[\frac{1}{\sqrt{\left(\sqrt{8\pi}\cdot f\cdot\sigma_{\mathrm{T}}\right)^2 + \left(\frac{2}{2^N\cdot\sqrt{6}}\right)^2}}\right] \tag{9.15}$$

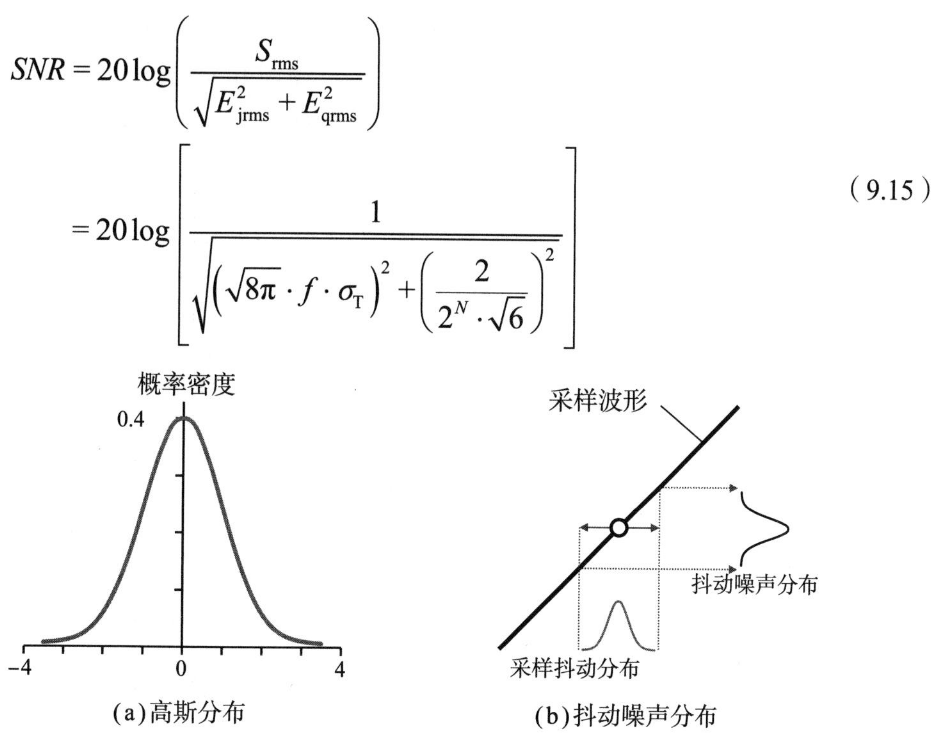

(a)高斯分布　　(b)抖动噪声分布

图9.7　采样抖动带来的SN劣化

图9.8展示了输入信号频率的有效位数和采样抖动的关系，这里仍假设为12位分辨率（$N = 12$）的AD转换器。

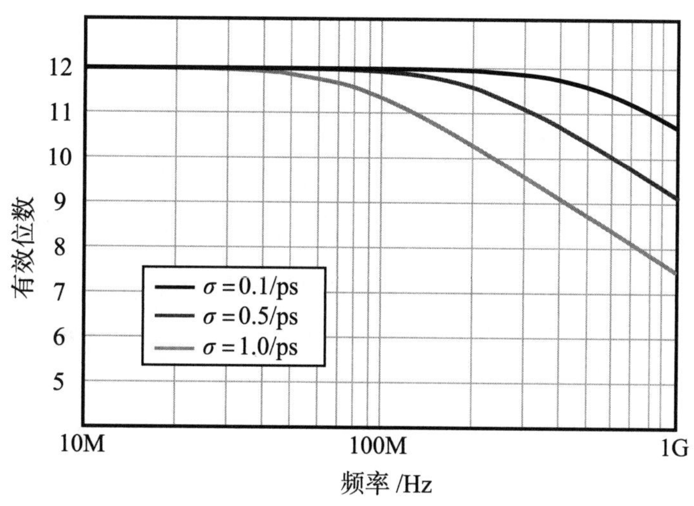

图9.8　输入信号的有效位数和抖动的关系

9.3.4　过采样带来的SN改善

过采样是在高于实际所需的数字转换率的频率下对模拟信号进行采样。如图9.9所示，通过过采样，S/H电路中产生的采样噪声和量化噪声均匀地分布在高于实际所需的信号频带的过采样频带中，因此这样的采样噪声在数字化后可以用数字滤波器滤除。

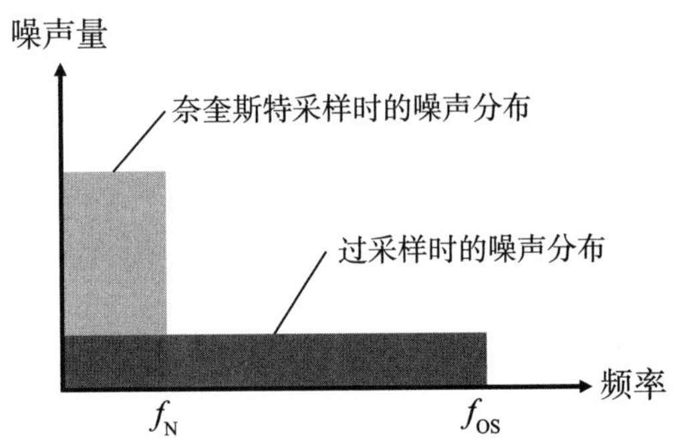

图9.9　不同采样方法的噪声分布

将过采样率提高到x倍，则量化噪声功率表现为$1/x$。所以信号的*SNR*约提高4.343ln(x)dB。2倍过采样的*SNR*改善约为3dB。也就是说，采样率每提高2倍就会出现约为3dB的*SNR*改善。

采用过采样方法时必须注意，比较器自身的噪声会影响过采样效果。例如，当输入信号频率恰好分割为n分之一时，AD转换器的采样点保持不变，所以量化噪声在每个输入信号周期内模式相同。所以即便增大平均次数，也无法将量化误差的平均值降为0。也就是说，这种情况下即使采用过采样方法也无法改善*SNR*。如果量化器存在一定的噪声，量化噪声被随机化，过采样方法就会使量化噪声平均化，发挥过采样效果。所以接下来的问题就是，多少噪声在量化器中重叠，过采样效果才能达到最大。图9.10展示了为10位AD转换器随机输入信号，用过采样方法进行AD转换时，比较器的等效输入噪声对应的*SNR*。

比较器的等效输入噪声为0时，无过采样效果，*SNR*基本不变，与过采样比无关。1/4LSB＜等效输入噪声比＜1/3LSB时，过采样比变为2倍，*SNR*约改善3dB，可以得到与理论值相同的效果。因此应该将采用过采样方法的AD转换器的比较器的等效输入噪声设计在1/4LSB～1/3LSB范围内。这表明自然噪声（热噪声）能够抑制人工噪声（量化噪声）。

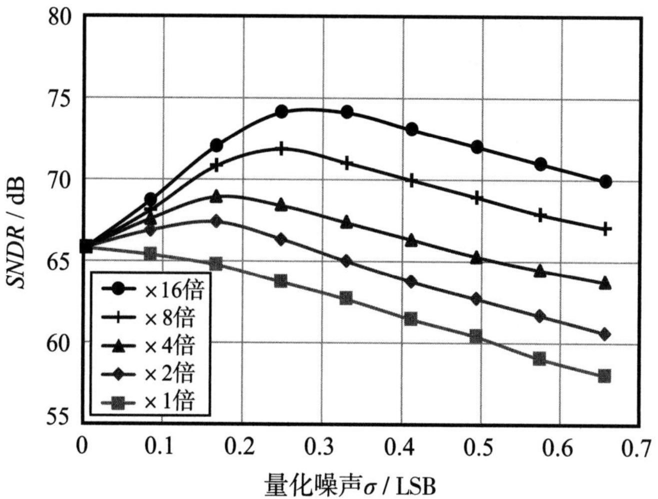

图9.10 过采样带来的*SNR*改善和量化噪声的关系

第10章 逐次比较型AD转换器的设计方法

逐次比较型AD转换器是历史最久、近年来发展最显著的AD转换器。本章将从它的工作原理开始讲解，并介绍实际应用中组成逐次比较型AD转换器的单元电路的设计方法。除此之外还将介绍带动逐次比较型AD转换器发展的校正方法实例。

10.1　逐次比较型AD转换器的概要

图10.1(a)是逐次比较型AD转换器的典型电路结构。从图中可以看出，它只由电容DAC、比较器、采样开关和逻辑电路组成，是一种十分简单的电路结构。逐次比较型AD转换器如图10.1(b)所示，利用二分搜索原理，在使输入电压接近比较电压（单端取中间值V_{CM}）的同时，从最高位（MSB）起顺次进行数字转换。首先关闭采样开关，用输入信号为电容阵列充电。这时总电容阵列的一半电容的底板连接V_{REF}，另一半连接GDN。断开采样开关后，用比较器判断电容DAC保持的电压V_{DAC}和比较电压V_{CM}的大小关系，如果$V_{DAC}>V_{CM}$，则MSB为1；如果$V_{DAC}<V_{CM}$，则MSB为0。根据MSB的判断结果控制电容DAC的底板，经过电荷再分配将V_{DAC}的值向V_{CM}方向移动$V_{REF}/4$。具体来说，就是改变电容阵列各底板连接的V_{REF}和GND的总数的1/4。再次进行比较，确定MSB−1的值之后，再将V_{DAC}向V_{CM}移动$V_{REF}/8$。

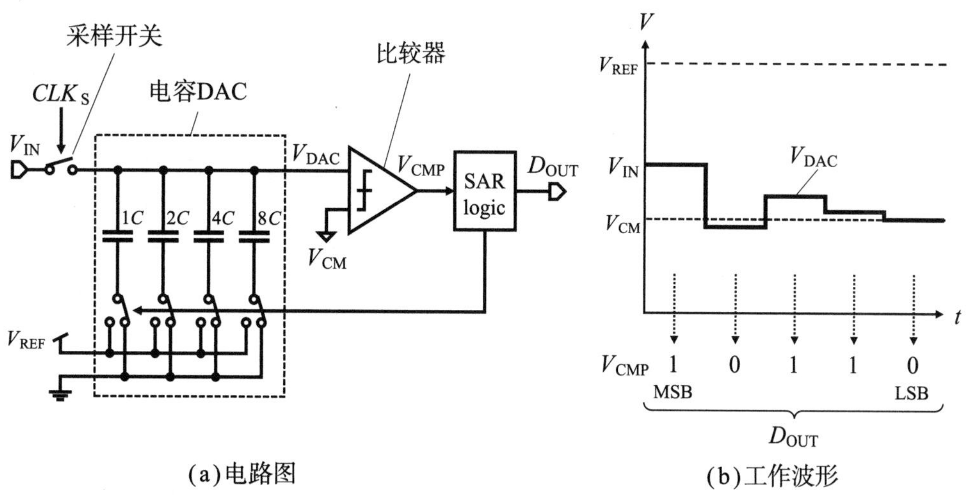

(a)电路图　　(b)工作波形

图10.1　逐次比较型AD转换器的结构和工作

综上所述，V_{DAC}根据比较工作和比较结果以变化量的1/2向V_{CM}移动，直至LSB，得到数字转换结果D_{OUT}。此外，频繁使用模拟电路的差动电路结构中，还要追加一组相同的电容DVA和采样开关，连接比较器的其他端子（简单结构中是输入V_{CM}的端子）。差动输入端子V_{INP}和V_{INN}分别输入到各自的电容DAC，采样后通过二分搜索，使它们的电容DAC输出V_{DACP}和V_{DACN}的差为0，即降低到相同值。差动电路结构中面积约增加一倍，但由于电路对称工作，可以缓和共模噪声的影响。

逐次比较型AD转换器与其他AD转换器结构不同，不使用运算放大器，支持低电压工作。包括比较器在内的所有电路都进行动态工作，因此不会产生恒定电流。而且功耗和工作速度的瓶颈是数字（逻辑）模块。基于以上理由可知，逐次比较型AD转换器可以通过微细工艺实现高速化和低功耗化。也就是说，近年来与微细工艺的默契配合带来了逐次比较型AD转换器性能的飞跃性提升。

10.2　电容DAC的设计方法

逐次比较型AD转换器中需要DAC电路，用于根据各数位的判断结果生成判断下一位的电压，近年来大多使用电容DAC。这是由于MOM（metal-oxide-metal）电容等，工艺微细化促成了电容元件的高密度化，缩小了所占面积。

如上一节所述，电容DAC通过在采样时保持电容阵列充电的电荷，同时二次分配电荷，生成用于二分搜索的比较电压。电容DAC的电荷二次分配如图10.2所示，我们通过3位的简易电容DAC进行说明。

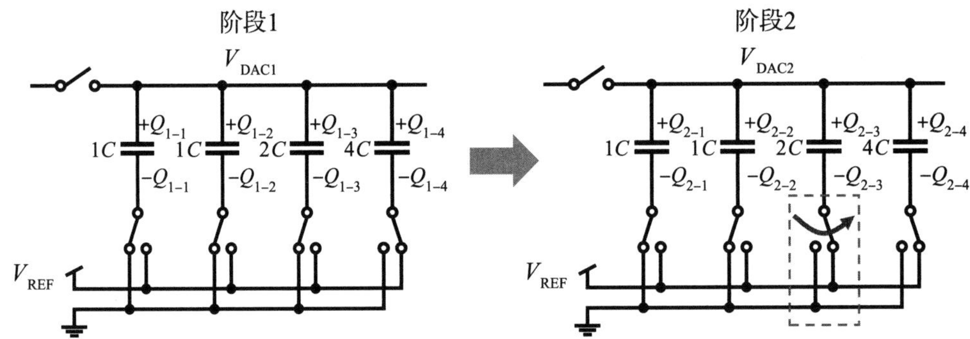

图10.2　电容DAC的电荷二次分配工作

阶段1中电容阵列保持的电荷总量Q_1为

$$\begin{aligned} Q_1 &= Q_{1-1}+Q_{1-2}+Q_{1-3}+Q_{1-4} \\ &= CV_{\mathrm{DAC1}}+CV_{\mathrm{DAC1}}+2CV_{\mathrm{DAC1}}+4C\left(V_{\mathrm{DAC1}}-V_{\mathrm{REF}}\right) \\ &= 8CV_{\mathrm{DAC1}}-4CV_{\mathrm{REF}} \end{aligned} \tag{10.1}$$

接下来的阶段2中，控制$2C$（C是单位电容值）的底板开关，从接地切换为连接V_{REF}。这时总电荷Q_2为

$$\begin{aligned} Q_2 &= Q_{2-1}+Q_{2-2}+Q_{2-3}+Q_{2-4} \\ &= CV_{\mathrm{DAC2}}+CV_{\mathrm{DAC2}}+2C\left(V_{\mathrm{DAC2}}-V_{\mathrm{REF}}\right)+4C\left(V_{\mathrm{DAC2}}-V_{\mathrm{REF}}\right) \\ &= 8CV_{\mathrm{DAC2}}-6CV_{\mathrm{REF}} \end{aligned} \tag{10.2}$$

阶段1和阶段2中电荷保持不变，根据$Q_1=Q_2$，有

$$V_{\mathrm{DAC2}} = V_{\mathrm{DAC1}} + \frac{1}{4}V_{\mathrm{REF}} \tag{10.3}$$

也就是说，通过切换相当于电容阵列的总电容值的1/4的2C底板，顶板连接的共用节点的电压可以转换为(1/4)V_{REF}。据此，电容阵列通过二进制比加权，切换控制各自的底板，可以实现(1/8)V_{REF}和(1/16)V_{REF}等电压切换，并生成二分搜索所需的电压值。

通常情况下，电容DAC的分辨率与AD转换器的分辨率同样重要。例如10位的AD转换器要采用1C～512C的电容阵列。如果AD转换器的分辨率持续增加，则二进制加权的电容阵列的总电容值按指数增加，导致速度低下或面积、功率增加。因此要将电容C_{a}串联插入电容阵列，将电容阵列分割为高位和低位两部分的结构，如图10.3所示。这样就可以在保持二进制比的同时大幅度缩减总电容值。下面计算串联电容C_{a}的值。低位DAC是高位DAC的最低有效位的补充。也就是说，根据低位DAC的工作，V_{DAC}的迁移范围等于高位DAC的最低有效位的迁移范围。因此设高位DAC的最低有效位的电容值为C_{UI}，低位DAC的总容量值为C_{LT}，则得到下列关系：

$$C_{\mathrm{U1}} = \frac{C_{\mathrm{a}} \cdot C_{\mathrm{LT}}}{C_{\mathrm{a}} + C_{\mathrm{LT}}} \tag{10.4}$$

如图10.3所示，高位、低位的单位电容等于C时，设低位电容DAC为n位，则C_{a}值计算如下：

$$C_{\mathrm{a}} = \frac{2^n}{2^n - 1}C \tag{10.5}$$

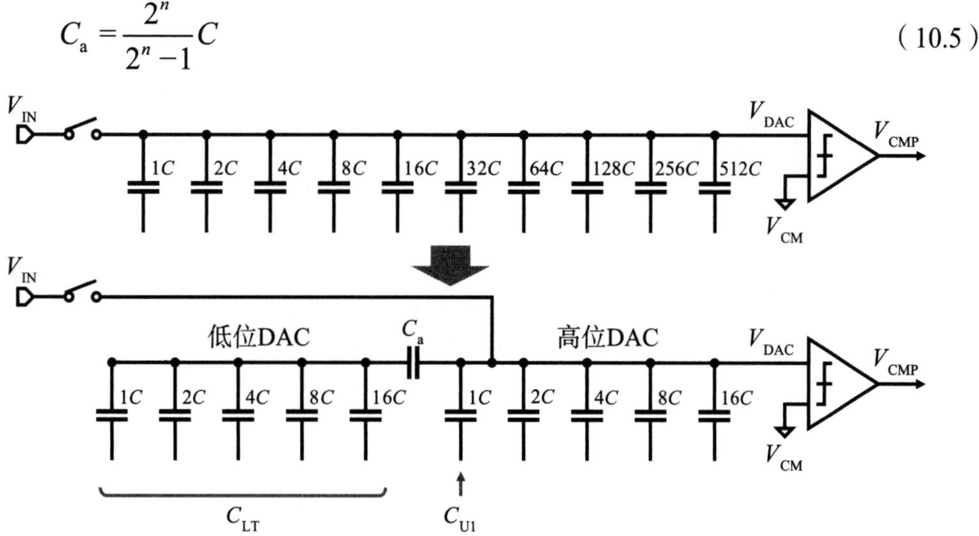

图10.3 采用串联电容的电容DAC的结构

但是在实际设计中，寄生电容导致低位DAC的总电容与设计值有偏差，想要准确设定串联电容值十分困难。串联电容的误差会引发高位DAC和低位DAC的失配，以及AD转换特性的非线性误差。因此，人们提出多种高位DAC和低位DAC的失配的校正方法。具体校正技术内容请参照10.6.1节。

近年来，电容DAC的开关动作中功耗抑制技术备受瞩目。图10.4是以前的开关动作，图10.5中是抑制功耗的开关动作的电容DAC结构，被称为分段型。以往前位判断为1或0时，开关动作不同，1的时候需要切换2位电容DAC输入。而采用图10.5这种将电容DAC的各位分为两半的分段结构时，无论前位判断为1或0，只要切换对应的1位即可。

因此，分段型电容DAC能够降低开关相关功率。我们实际计算一下每种方法的功耗。首先看图10.4，MSB判断为1时，通过V_{REF}的电荷$Q_{\mathrm{CONV_MSB1}}$为

$$Q_{\mathrm{CONV\_MSB1}}=\frac{5}{2}CV_{\mathrm{REF}} \tag{10.6}$$

因此消耗的能量$E_{\mathrm{CONV_MSB1}}$为

$$E_{\mathrm{CONV\_MSB1}}=\frac{5}{4}CV_{\mathrm{REF}}^{2} \tag{10.7}$$

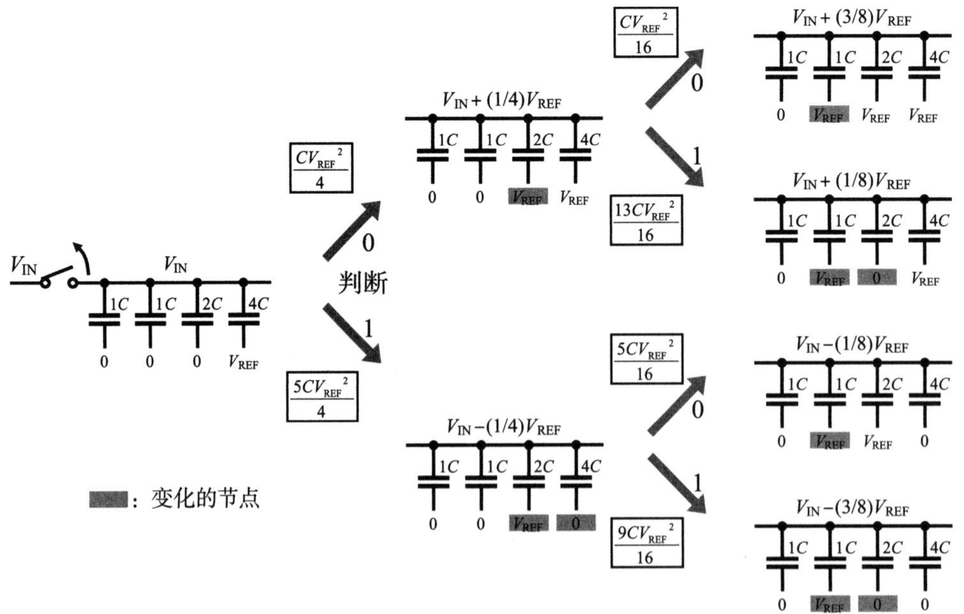

图10.4　常见的电容DAC动作和功耗

下面看图10.5，MSB同样判断为1时，通过V_{REF}的电荷$Q_{\mathrm{SPLIT_MSB1}}$为

$$Q_{\text{SPLIT\_MSB1}}=\frac{1}{2}CV_{\text{REF}} \tag{10.8}$$

因此消耗的能量$E_{\text{SPLIT_MSB1}}$为

$$E_{\text{SPLIT\_MSB1}}=\frac{1}{4}CV_{\text{REF}}^2 \tag{10.9}$$

接下来以同样方法计算的消耗能量结果如图10.5所示，这种分段型电容DAC与以前的方法相比能够大幅度降低功耗。

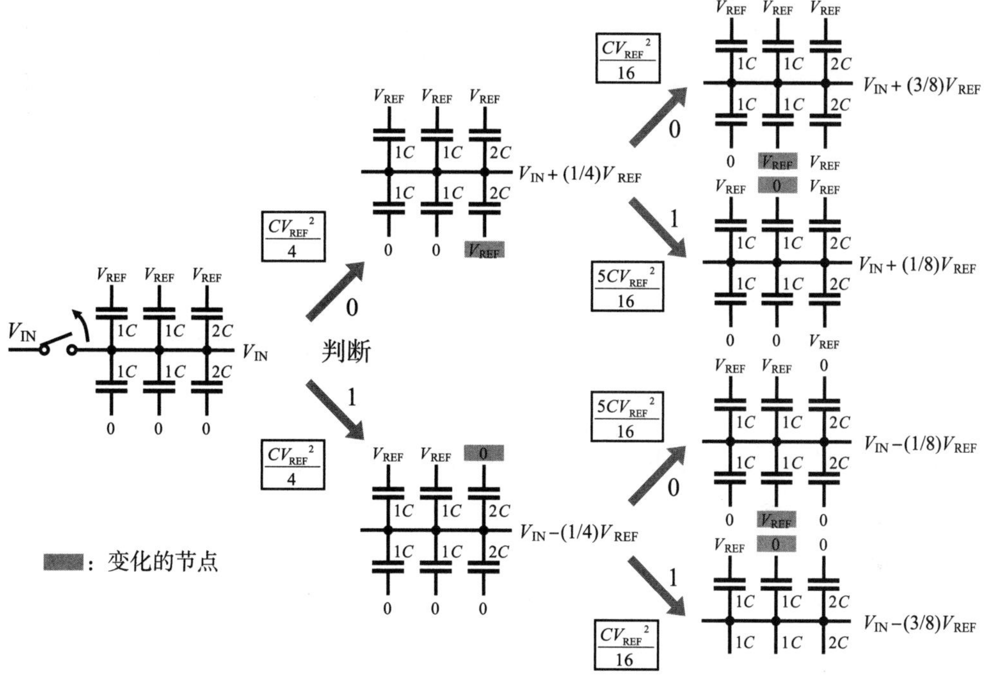

图10.5 分段型电容DAC的动作和功耗

10.3 采样开关的设计方法

采样开关是对输入信号采样（开关导通）和保持（开关关断）时必不可少的电路。逐次比较型AD转换器涉及电源电位到接地电位的输入信号振幅，所以采样开关的特性极其重要。

图10.6是常见的CMOS结构开关。如图10.6(a)所示，采样时钟CLK_S为0时，NMOS和PMOS晶体管均关断，CLK_S为1时两个晶体管导通。采样开关导通时的电阻值受输入信号频带的影响，必须尽可能低。图10.6(b)展示了仿真测量CMOS

开关的导通电阻的结果。如果想要降低电阻值，只要增大晶体管尺寸即可。但是CMOS开关中，输入信号的电位变化会导致NMOS和PMOS晶体管上的电压V_{GS}发生变化，输入信号电压会使电阻值发生变化，如图10.6(b)所示。导通电阻值的变化会引起输入信号带来的误差（失真），使AD转换器的输出频谱中产生谐波。尤其在设计高分辨率AD转换器时，必须极力抑制这种失真。

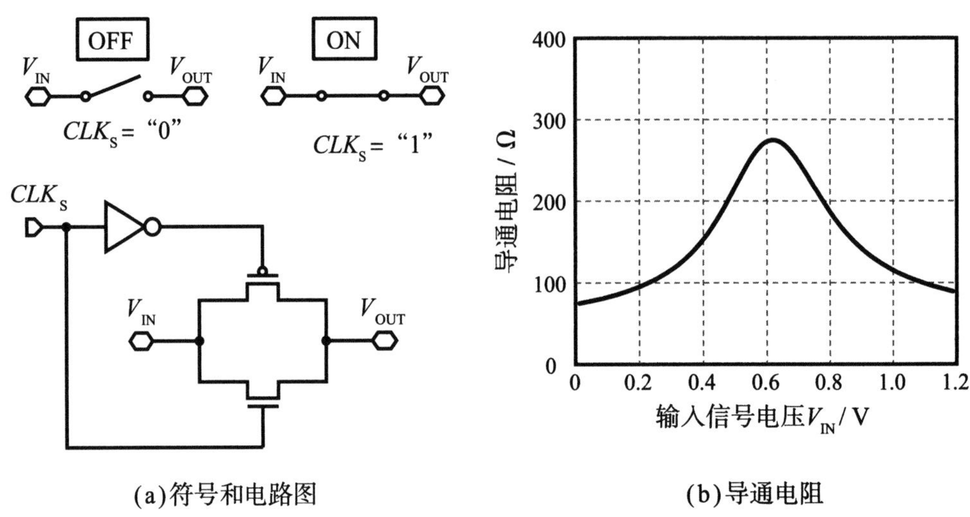

(a)符号和电路图　　(b)导通电阻

图10.6　CMOS开关

因此，近年来导通电阻低且输入范围平缓的自举开关的应用有所增加。图10.7(a)展示了自举开关的工作原理。开关导通时，生成将输入信号升压至电源电压V_{DD}的信号，提供晶体管的栅极电压。据此，晶体管的栅源极间电压V_{GS}可以始终保持不变（=电源电压），受输入信号电压影响的导通电阻值基本不变。图10.7(b)是实现此方式的简略电路结构。采样开关关断（$\bar{\phi}$）时，电容C向电源

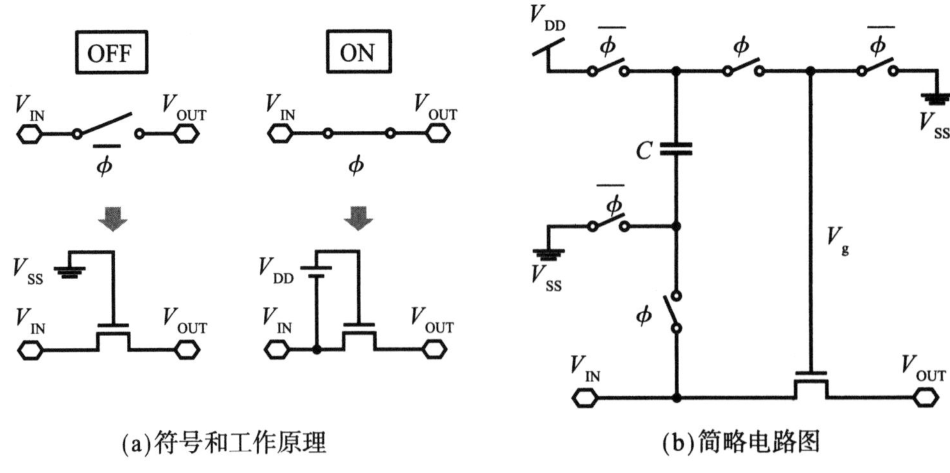

(a)符号和工作原理　　(b)简略电路图

图10.7　自举开关

接地间电压V_{DD}充电。采样开关导通时（ϕ），向电容C的底板输入信号V_{IN}，开放的顶板端升压至$V_{DD}+V_{IN}$，作为栅极电压V_g输入晶体管栅极。以上就是自举开关的工作过程，但在实际电路中结构更加复杂。因为需要处理升压后高于电源电压的电位，这就需要经过反复的研究才能够控制节点。不仅如此，还要注意晶体管的耐压情况。

图10.8是自举开关电路。晶体管M_0是向输出信号传递输入信号的开关晶体管。其目的是在$CLK_S=1$时向M_0的栅极施加$V_{DD}+V_{IN}$，在$CLK_S=0$时施加V_{SS}。首先在$CLK_S=0$时向电容C_0充电V_{DD}。这时用于向C_0的顶板施加V_{DD}的晶体管M_9采用NMOS。这是因为$CLK_S=1$时电容C_0的顶板上升至$V_{DD}+V_{IN}$，PMOS不再关断。为了使$CLK_S=0$时NMOS晶体管M_9导通，要向M_9的栅极输入电压$2V_{DD}$，为了使$CLK_S=0$时关断，要向M_9的栅极输入电压V_{DD}。生成这份电压的电路就是晶体管M_{10}、M_{11}、C_1、C_2组成的时钟倍频器。这样输出电压V_{SS}和V_{DD}组成的常见时钟就可以转换成电压V_{DD}和$2V_{DD}$组成的升压时钟。此外还要注意控制开关M_7，使升压后的节点V_g在$CLK_S=0$时脱离电容C_0。

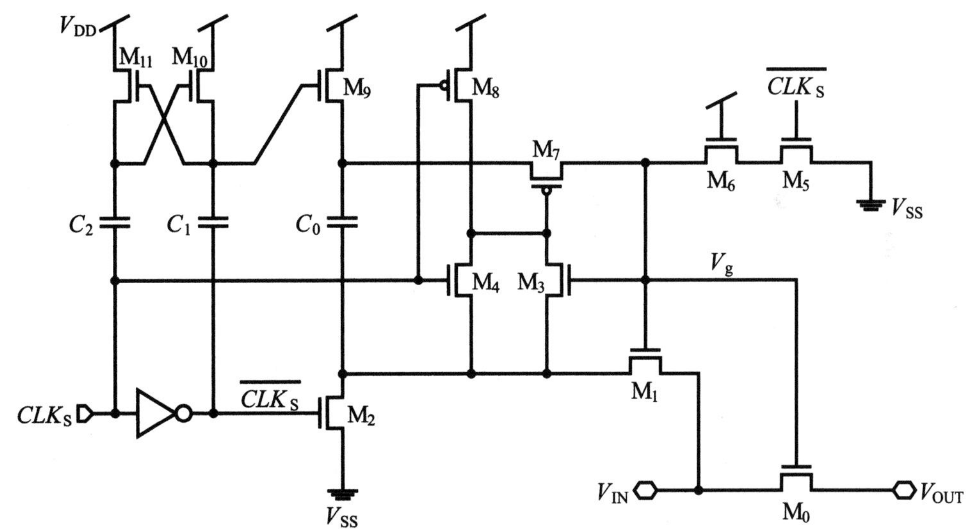

图10.8 自举开关电路图

节点V_g被升压至$V_{DD}+V_{IN}$，所以向PMOS开关M_7施加V_{SS}后会超过耐压。因此关断M_7时要向M_7的栅极施加V_{DD}，导通时施加V_{IN}，输入V_{DD}用M_8控制，输入V_{IN}用M_3和M_4控制。而$CLK_S=0$时向M_0的栅极V_g施加V_{SS}的工作由M_5和M_6来完成。晶体管M_6有耐压保护作用，V_g升压至$V_{DD}+V_{IN}$可以防止M_5的V_{ds}上施加超过耐压的电压。

图10.9展示了自举开关的仿真结果。从图10.9(a)中的工作波形可以看出，V_g是采样时V_{DD}和信号电压V_{IN}的和。据此，无论哪种输入电压，开关晶体管的栅源极间始终有电压V_{DD}。因此如图10.9(b)的导通电阻所示，所有输入电压都可以得到低电阻值。综上所述，自举开关的设计虽然复杂，但效果极佳，是高分辨率的逐次比较型AD转换器中至关重要的电路。

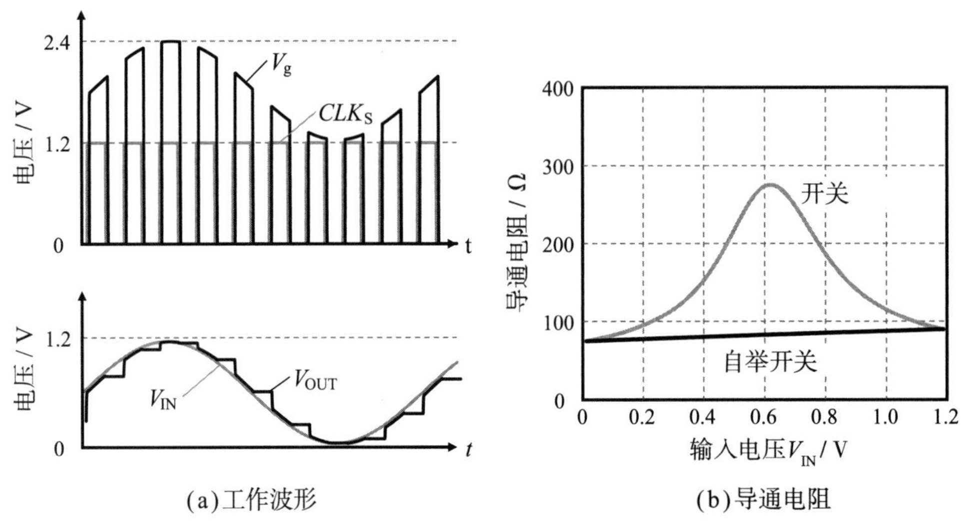

(a)工作波形　　(b)导通电阻

图10.9　自举开关的仿真

10.4 比较器的设计方法

比较输入信号大小的比较器种类繁多，但现在以动态型比较器为主流。动态型是与时钟同步工作的电路，无恒定电流，有利于实现低功耗化。

10.4.1 比较器的最优化设计

本节通过图10.10中的动态型比较器讲解比较器的最优设计。

图10.10的比较器电路的工作波形如图10.11所示。时钟CLK为“L”时，晶体管M_1为断态，M_8～M_{11}为通态，处于初始状态（复位状态）。这时V_{OUTP}、V_{OUTN}以及V_{2D}、V_{3D}为“H”。时钟CLK为“H”时，随着输入信号V_{INP}和V_{INM}的电压值变化，V_{2D}和V_{3D}向接地极下降（状态1）。随后，M_4和M_5导通，V_{OUT}和V_{OUTM}也下降（状态2）。据此，锁存电路M_4～M_5开始正反馈工作，决定输出V_{OUTP}和V_{OUTM}是“H”或“L”（状态3）。这时的输出值取决于V_{2D}和V_{3D}哪个先下降（超过阈值），也就是说，输入电压值的大小决定V_{OUTP}和V_{OUTM}。在时钟CLK为“H”期间，输出V_{OUTP}和V_{OUTM}保持不变，时钟CLK变为“L”时再次回到

复位状态（状态4）。综上所述，比较器经过四个工作状态比较判断输入电压的大小。

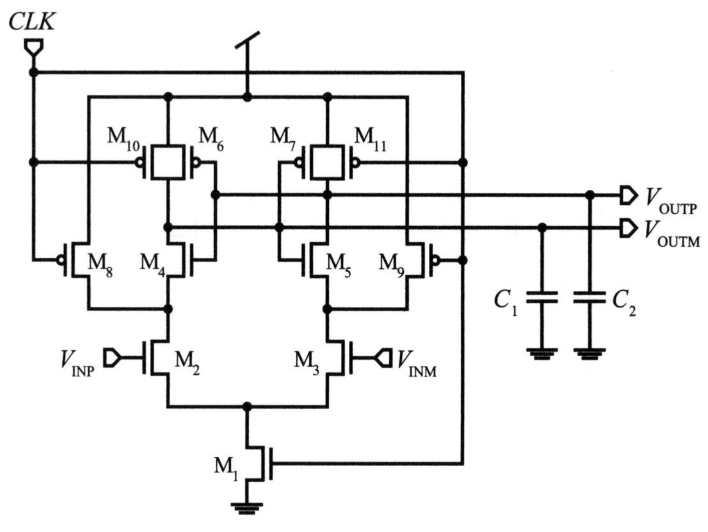

图10.10 常见比较器的电路结构

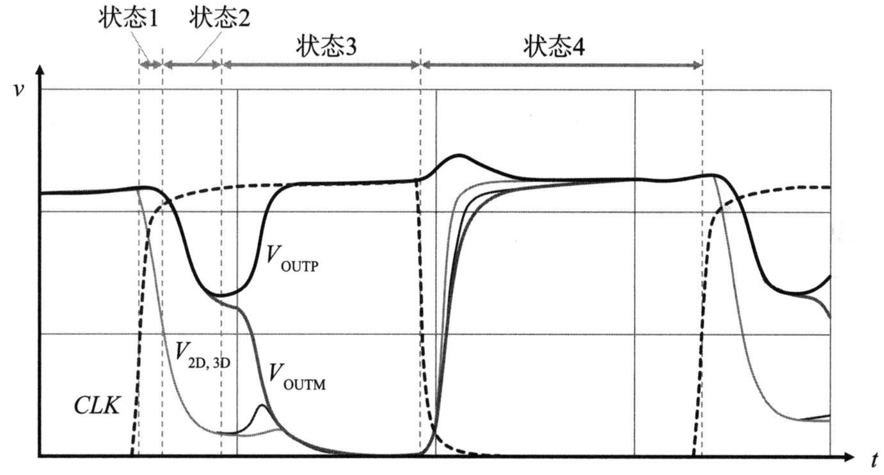

图10.11 比较器的工作波形和状态

在对比较器进行最优设计时，需要在比较器的四个状态下分别抽取特性参数。状态1和状态2下晶体管的工作状态如图10.12所示，状态3和状态4下晶体管的工作状态如图10.13所示。

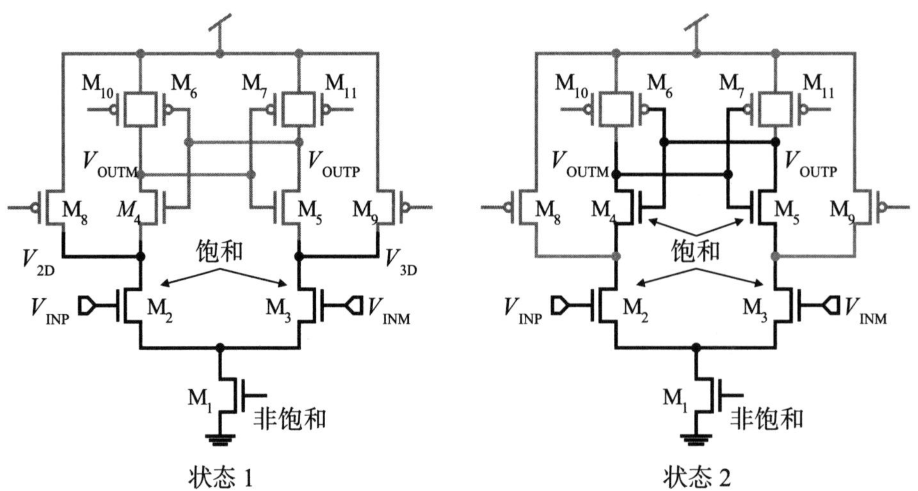

图10.12 比较器的工作状态1和2

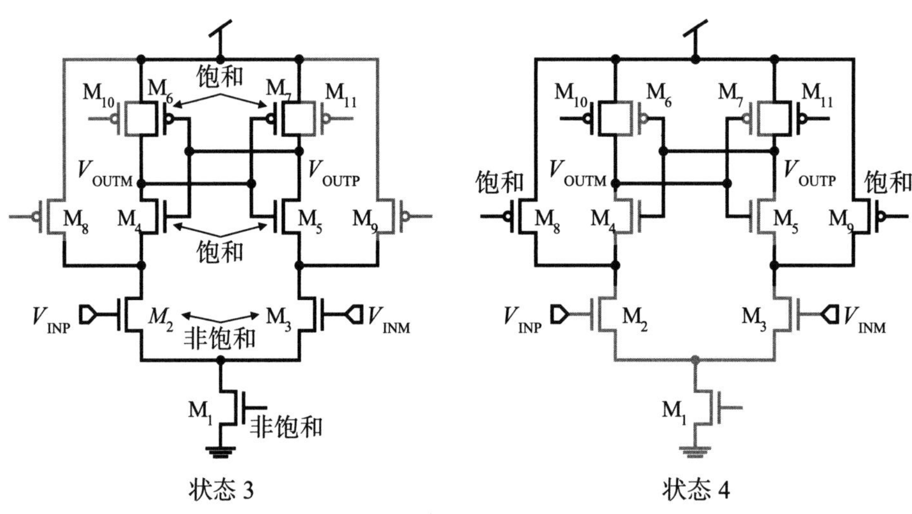

图10.13 比较器的工作状态3和4

比较器的等效输入噪声只由状态1期间决定。状态1指的是时钟CLK为“H”时，晶体管M_1导通，M_2和M_3处于饱和状态，节点V_{2D}和V_{3D}放电，电位下降过程中，M_4或M_5导通。计算等效输入噪声的方法在参考文献［32］中有详细说明。根据解析结果，可以通过图10.14的等效电路计算噪声。

$$v_n^2 = v_{M1}^2 + v_{S1}^2 + v_{S3}^2 \tag{10.10}$$

$$v_{M1}^2 = \frac{4kT\gamma}{gm_2 \times t_1} \tag{10.11}$$

$$v_{S1}^2 = \frac{2kTC_{p1}^2}{gm_2^2 \times t_1^2 \times C_{p5}} \tag{10.12}$$

$$v_{S3}^2 = \frac{2kTC_{p1}}{gm_2^2 \times t_1^2} \quad (10.13)$$

$$t_1 = \frac{\left(C_{p1} + C_{p3} // C_{p5}\right)V_{th4}}{I_d} \quad (10.14)$$

其中，t_1表示状态1期间，g_{m2}表示晶体管M_2的跨导，V_{th4}表示M_4的阈值电压。可以通过DC分析计算各参数值。状态1下可以通过图10.14的右图中的等效电路进行DC分析，求得g_{m2}和I_d的值。

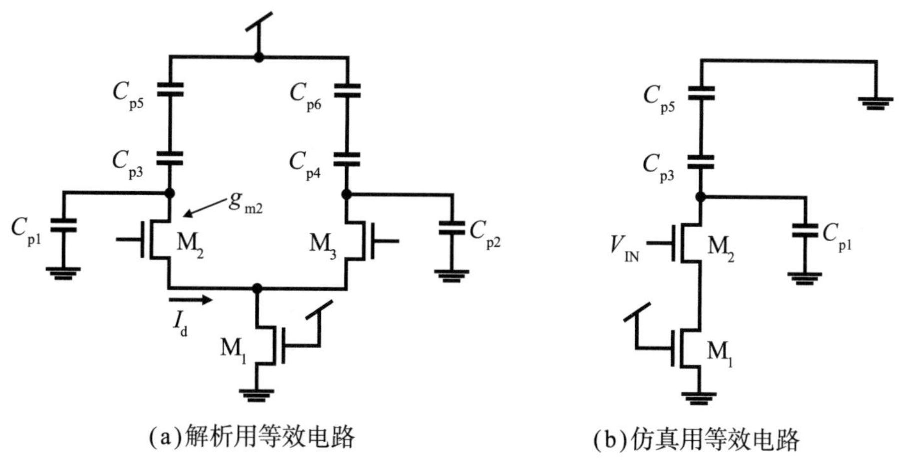

(a)解析用等效电路　　(b)仿真用等效电路

图10.14　状态1的等效电路

下面计算状态2、3、4的延迟时间。状态2和状态3的等效电路如图10.15(a)所示，状态4的等效电路如图10.15(b)所示。

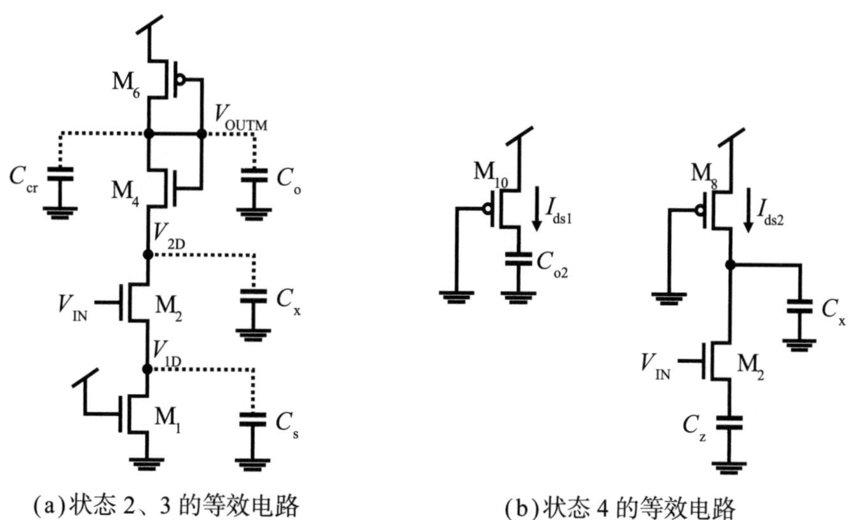

(a)状态 2、3 的等效电路　　(b)状态 4 的等效电路

图10.15　状态2、3、4的等效电路

设状态2、3、4的延迟时间分别为t_2、t_3、t_4，则

$$t_2=\frac{C_x\left(V_{DD}-V_{th4}-V_{2D}\right)+C_o\left(V_{DD}-V_{OUTM}\right)+V_{cr}\left(V_{OUTM}-V_{2D}-V_{th4}\right)}{\left(I_d/2\right)}\tag{10.15}$$

$$t_3=\frac{C_xV_{2D}+C_oV_{OUTM}+V_{cr}\left[V_{DD}-\left(V_{OUTM}-V_{2D}\right)\right]+C_SV_{1D}}{\left(I_d/2\right)}\tag{10.16}$$

$$t_4=\max\left[\frac{C_{o2}V_{DD}}{\left(I_{ds1}/3\right)},\frac{C_xV_{DD}+C_zV_{cm}}{\left(I_{ds2}/3\right)}\right]\tag{10.17}$$

其中，t_1、t_2、t_3对应时钟的有效期间，t_4对应时钟的无效期间。因此设时钟的有效期间为t_a，无效期间为t_i，则工作条件如下：

$$t_a>\left(t_1+t_2+t_3+t_{margin}\right)\tag{10.18}$$

$$t_i>\left(t_4+t_{margin}\right)\tag{10.19}$$

10.4.2　比较器的噪声仿真

下面讲解计算比较器的等效输入噪声的仿真方法。图10.16是比较器的噪声仿真。扫描DC电压的同时进行比较器输入，测量比较器对各个输入电压的输出值为“1”的频率。

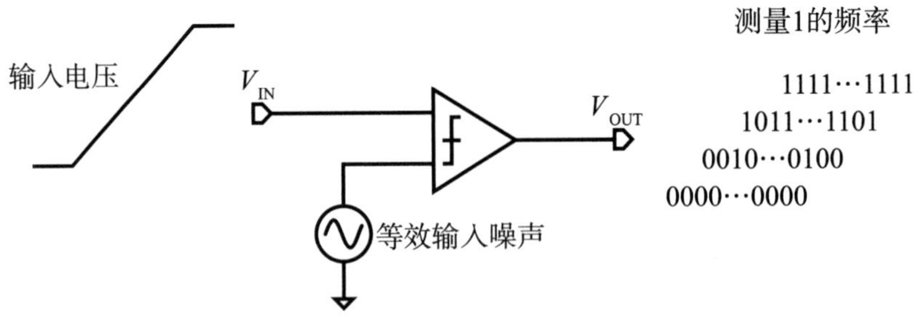

图10.16　比较器的噪声仿真

横轴表示输入电压，纵轴表示输出“1”的频率，则可以得到图10.17左图中的输出频率分布。这种分布函数被称为累积分布函数，微分后得到概率密度函数。所以通过概率密度函数的分散值可以导出等效输入噪声。

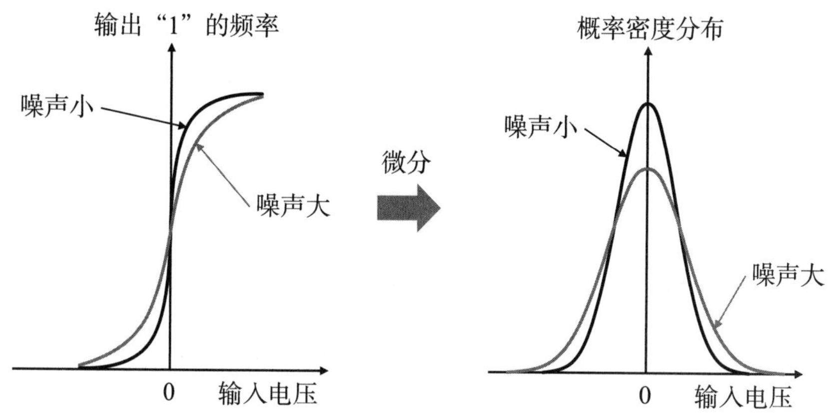

图10.17 比较器的等效输入噪声的计算

10.5 逐次比较逻辑电路的设计方法

逐次比较型AD转换器的逻辑电路除了逐次比较逻辑（锁存比较器的输出值，以此值为基础输出用于判断下一位的CDAC控制信号）之外，还包括将比较器的输出值进行串并联转换后输出AD转换器的多位的电路。下面我们来讲解逐次比较逻辑的结构。

逐次比较逻辑如图10.18所示，包括同步电路结构和异步电路结构。图10.1(a)中的同步电路结构与数字电路相同，是D触发器根据时钟沿工作的电路，其特征是设计简单。以往的AD转换器多采用同步电路结构，但由于与工作不直接相关的时钟线也会引发电压变动，从耗电角度来看会形成浪费，所以采用图10.18(b)中的电路，通过将电路工作设为事件驱动的异步型，可以抑制不必要的时钟线工作。这样不仅能够实现低功耗化，还有助于工作频率的提升。因此，近年来高性能的逐次比较型AD转换器多采用异步型。

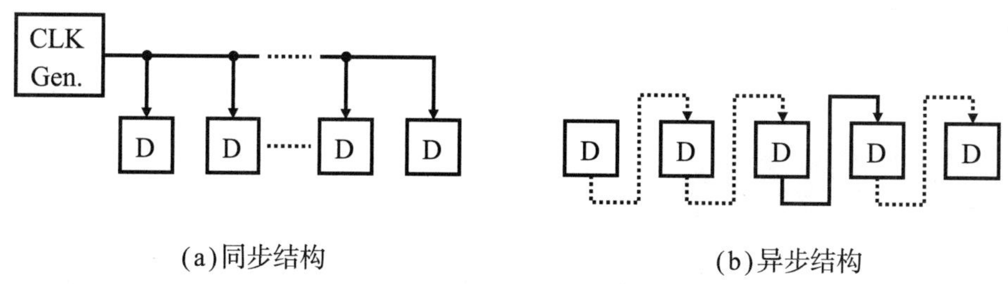

(a)同步结构 (b)异步结构

图10.18 逐次比较逻辑的结构

图10.19是逐次比较型AD转换器的异步控制电路的结构图例。含比较器在内的反馈环成为振荡电路，产生时钟。利用这一时钟生成逐次比较型AD转换器所需要的所有时钟。

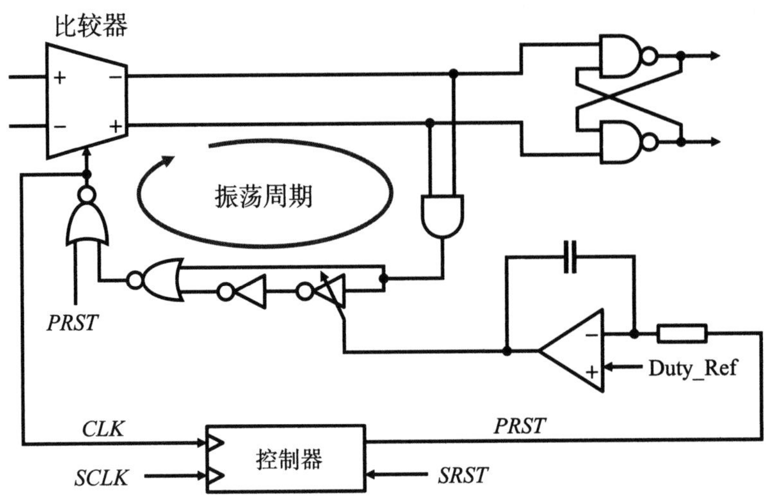

图10.19　逐次比较型AD转换器的异步控制

图10.20是异步控制时钟的时序图。图中*PRST*信号的“High”区间对应于将输入信号采样至电容阵列的期间。输入信号采样结束后，比较器开始对时钟*CLK*进行比较。本控制方式如图10.19所示，比较器的“High”区间得以最快反馈，用延迟控制逆变器控制“Low”区间。此“Low”区间受反馈环的控制，使得*PRST*的有效期间恰好等于*SCLK*的周期Duty_Ref/V_{DD}的占比。

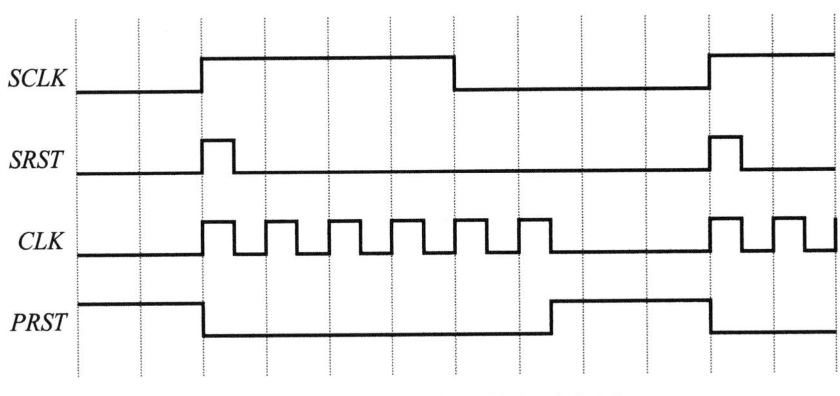

图10.20　异步控制时钟的时序图

10.6　校正方式

本节将讲解逐次比较型AD转换器的代表性校正方式。不仅逐次比较型AD转换器，所有AD转换器都适合搭配数字电路校正。这是由于AD转换器内的模拟电路中产生的非理想误差以数字值形式被输出，误差的检测、校正值运算和存储等处理均通过数字电路操作。而且通过活用微细工艺，我们可以在小面积、低功耗数字电路中进行更加灵活完善的校正。因此数字校正是现代前沿AD转换器不可或缺的技术。

AD转换器的校正方式在使用校正值的过程中大致分为两种：第一种方式将数字电路计算出的校正值反馈到模拟电路，模拟电路根据校正值修改电阻、电容和晶体管等元件值；第二种方式直接将数字电路求出的校正值用于数字电路的校正。第二种方式不给模拟电路增加任何负担，只用数字电路就可以完成校正，但要在数据通道中插入数字电路，会增大功耗和延迟时间。逐次比较型AD转换器要求极低的功耗工作，因此不能忽视数字校正电路的功率。所以逐次比较型AD转换器更适合采用数字电路只在算出校正值时工作、校正过程中不耗电的第一种模拟校正方式。下面我们来介绍两种逐次比较型AD转换器的代表性模拟校正方式。

10.6.1 串联电容的校正方式

如前文所述，想要降低电容DAC的值需要导入串联电容。这样做的前提是从高位DAC看到的低位DAC的总电容与高位DAC的最低有效位一致。但是低位DAC包含寄生电容，很难达到完全一致，这样就会导致高位DAC和低位DAC的增益不一致。图10.21展示了高位DAC和低位DAC发生失配和匹配时的输出特性。

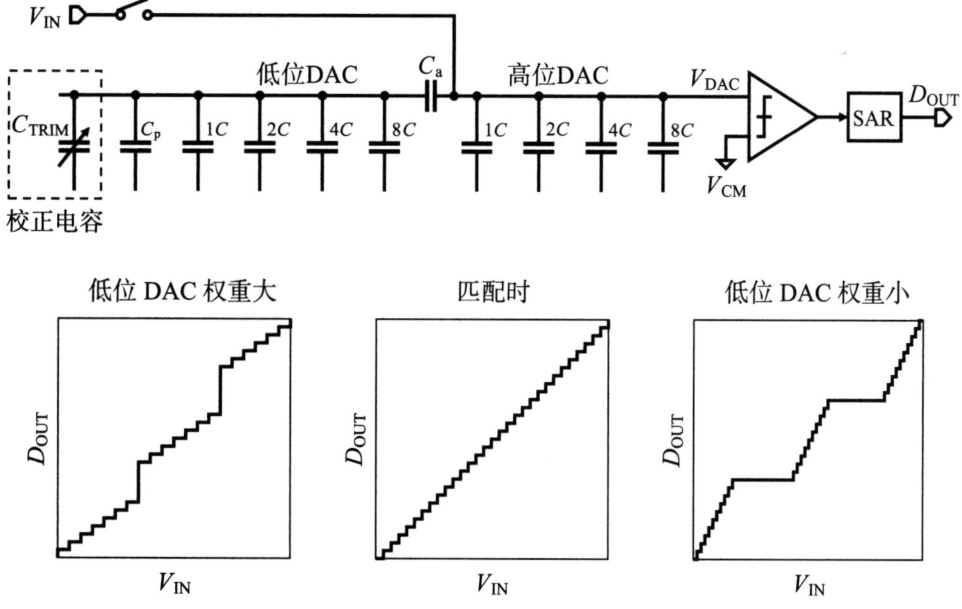

图10.21 串联电容误差的校正

失配导致低位DAC的权重过大时，输出特性会出现“失码”现象。这种现象发生在低位DAC的每个区域内输出数字编码消失（缺失）的位置。而低位DAC的权重较小时，含输出编码的输入电压出现反复的重复编码。这两种错误情况都会导致AD转换器线性恶化，需要通过匹配校正得到图中央所示的连续性特性。最具代表性的校正方式是在低位DAC追加可修改的校正电容（C_{TRIM}），调整电容值以达到平衡。也就是说，式（10.4）可以变形为下式：

$$C_{\mathrm{U1}}=\frac{C_{\mathrm{a}}\cdot\left(C_{\mathrm{LT}}+C_{\mathrm{TRIM}}\right)}{C_{\mathrm{a}}+C_{\mathrm{LT}}+C_{\mathrm{TRIM}}} \tag{10.20}$$

其中，C_{U1}是高位DAC的最低有效位，C_{a}是串联电容，C_{LT}是低位DAC的C_{TRIM}以外的总电容（包括寄生电容C_{p}）。

上式成立时导出C_{TRIM}，使高位DAC和低位DAC得以匹配，从而获得线性输出特性。本应在数字电路中查找最佳C_{TRIM}，但必须注意特性中产生重复编码时，很难仅通过数字编码找出。因此刚开始查找时要将其作为失码特性，但是低位DAC含寄生电容的电容值越大，低位DAC的权重越小，更容易产生重复编码。因此要提前设置串联电容C_{a}大于理想值，在增大低位DAC权重的状态下查找最佳C_{TRIM}。

10.6.2 利用冗余电容的矫正方式

通常情况下，如果逐次比较型AD转换器在二分搜索中发生误判，则无法重新得到正确的数字编码。图10.22(a)展示了常见的4位二分搜索工作，设正常情况下0111(7)为正确答案。如果在最高位比较时误判为1，则后续的位判断持续为0，最后变为1000(8)，无法得到正确结果7。导致高位误判的原因不仅有噪声，还有设置误差。因此人们提出通过为电容DAC设置冗余电容以矫正前级的误判。图10.22(b)的例子中追加了2C，设电容DAC为8C、4C、2C、2C、1C。如此一来，二分搜索工作中发生两次相同电压偏移量的迁移，如分支图所示，即使误判也能够回到搜索点。这时输出编码（D_3、D_2、$D_{2\mathrm{R}}$、D_1、D_0）在正常工作状态下为01101，错误工作状态下为10001。解码为十进制时，同样加权计算D_2和$D_{2\mathrm{R}}$，而且要在冗余加法中减掉偏移部分。

$$D_{\mathrm{OUT}}=2^3D_3+2^2\left(D_2+D_{2\mathrm{R}}\right)+2^1D_1+2^0D_0-2^1 \tag{10.21}$$

根据上式解码，则正常工作和错误工作时均为“7”，证明前级的误判得到了矫正。而且虽然增加了冗余工作，但仍然能够得到与之前相同的编码。冗余位这种全新的方式能够弥补二分搜索算法的缺陷，但也要考虑到比较次数增加了一次的问题。然而冗余矫正允许设置误差，从结果上来看有时有助于实现逐次比较AD转换器的高速化。

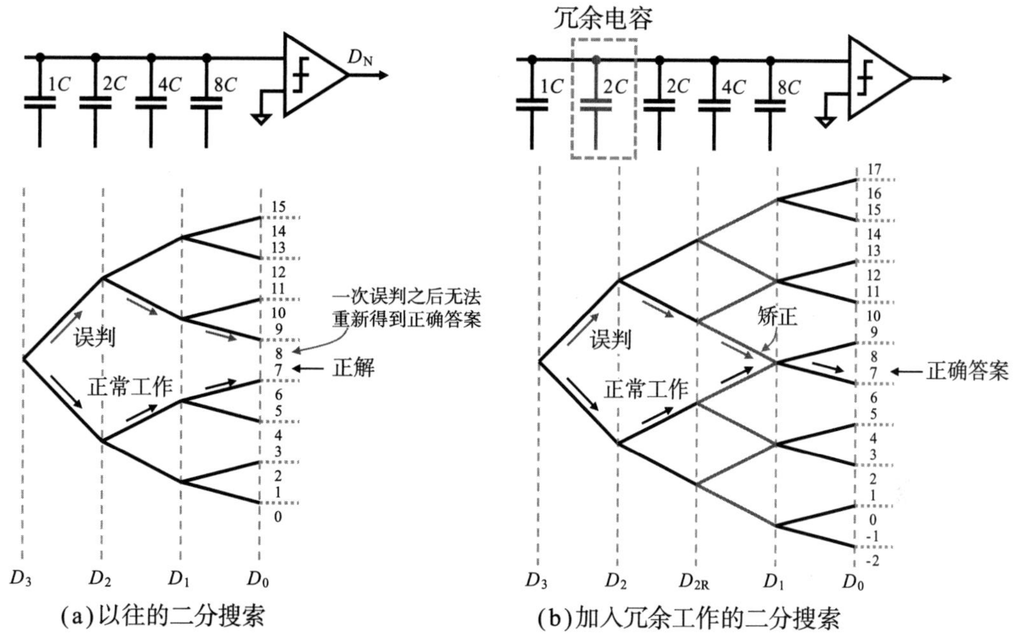

(a)以往的二分搜索　　(b)加入冗余工作的二分搜索

图10.22　利用冗余电容的矫正方式

10.7　逐次比较型AD转换器的仿真

我们已经在前文中介绍了构成逐次比较型AD转换器的单元电路模块的设计方法。本节将介绍逐次比较型AD转换器整体的仿真。

各模块产生的噪声、失真，以及元件失配等非理想原因产生的误差均可通过整体仿真来检查。如图10.23所示，整体仿真包括DC特性评估和AC特性评估，但二者都采用瞬态分析。DC特性评估原本指的是对输入信号施加DC电压并评估其特性，但在全输入范围内输入DC电压并不现实，因此向输入信号施加的是周期足够长的斜波（或三角波），根据得到的输出数据计算微分非线性误差（*DNL*）和积分非线性误差（*INL*），并确认元件失配带来的非线性和失真特性。AC特性评估是向输入信号施加已知频率的正弦波，对输出编码进行*FFT*计算，通过分析频谱求出*SNR*、*SNDR*和*SFDR*。除DC/AC特性评估之外还有功耗、最大工作频率、动态范围和有效带宽等评估。下面我们来介绍AD转换器的典型性能指标。

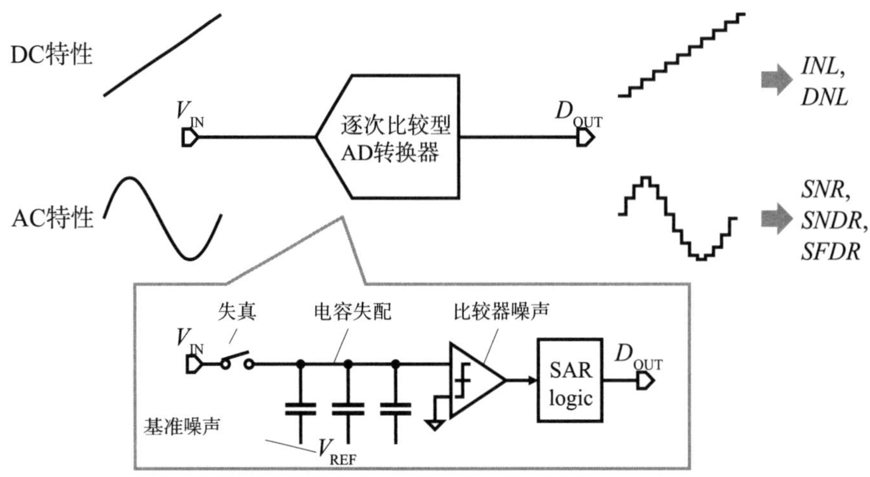

图10.23 逐次比较型AD转换器的仿真

1. *DNL*

*DNL*是AD转换器的一种线性评估。

如图10.24(a)所示，*DNL*表示向AD转换器输入斜波时，实际的数字输出阶跃与理想阶跃之间的差距。*DNL*的计算常用到直方图法，比较输入斜波时各个编码的发生频率和理想的发生频率，计算如下：

$$DNL = \frac{P(i)}{P_{M}} - 1 \tag{10.22}$$

其中，$P(i)$表示编码i的发生概率，P_M表示理想发生概率（直方图的平均值）。理想条件下*DNL*的所有编码为0，但实际会因各种原因产生非线性误差。逐次比较型AD转换器主要受电容DAC的非线性特性，如10.6节中提到的高位DAC和低位DAC的失配等的影响。*DNL*用最大值和最小值表示，在图10.24(b)的例子中约为+0.6LSB/−0.6LSB。其中，*DNL* = −1表示此编码绝不会出现，被称为失码。通常出现失码则被视为次品。

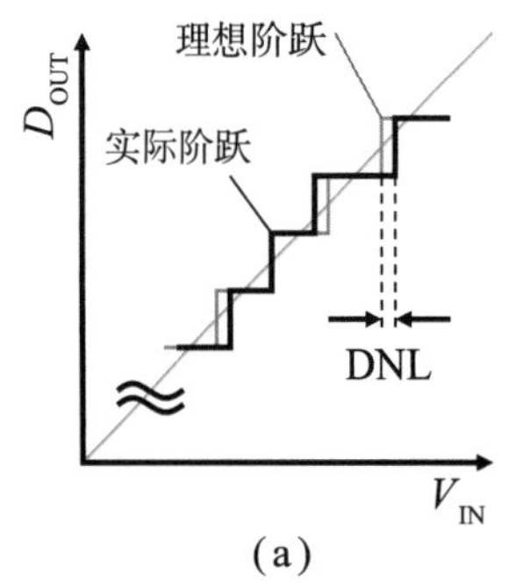

(a)

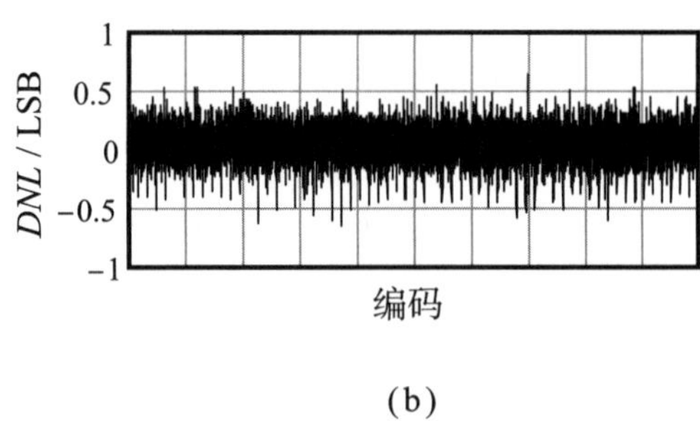

(b)

图10.24 *DNL*

2. *INL*

*INL*也是用于表示AD转换器线性的指标，常与*DNL*成对出现。

如图10.25(a)所示，*INL*表示输入斜波得到的输出编码与理想直线之间的差距。*INL*可以通过对*DNL*积分来计算，但实际操作中常常画一条输出编码的近似直线，并通过差分来计算。*INL*与*DNL*相同，用最大值和最小值表示，在图10.25(b)的例子中约为+1.6LSB/−1.4LSB。*INL*劣化的原因之一是失真，逐次比较型AD转换器中，采样开关特性多引起*INL*劣化。前面提到的电容失配引起的阶跃误差也会引起*INL*劣化。

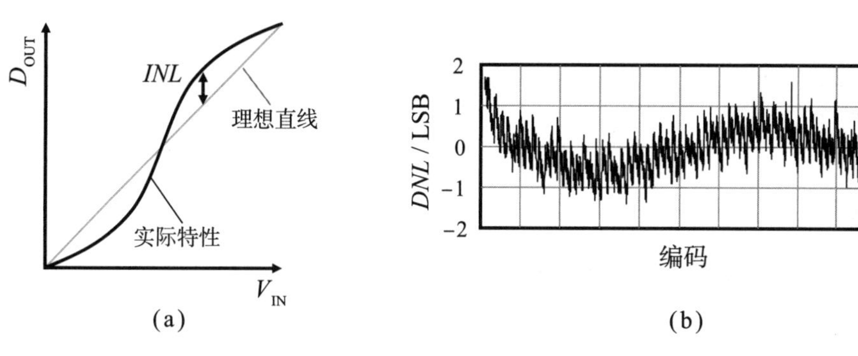

图10.25 *INL*

3. *SNR*，*SNDR*，*SFDR*，*ENOB*

AC特性评估中的指标均根据对输入信号施加已知频率的正弦波后得到的输出编码的*FFT*结果来计算。图10.26是逐次比较型AD转换器的输出频谱示例。输入频率以外的频率成分是噪声，而输入频率的整倍数的成分被称为谐波。总噪声成分减去谐波成分的差与信号成分的比是*SNR*。

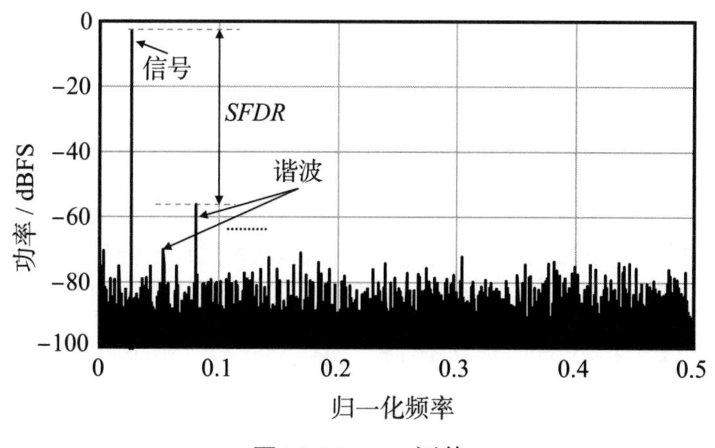

图10.26 AC评估

含谐波成分在内的总噪声与信号的比为$SNDR$。表示AD转换器的SN时多采用$SNDR$。这是因为谐波常常导致AD转换器内的模拟电路中产生失真，成为表示AD转换器的性能的指标。而且如第9章所述，也常用$SNDR$导出的有效位数（$ENOB$）来表示：

$$ENOB = \frac{SNDR - 1.76}{6.02} \tag{10.23}$$

除信号成分以外强度最高的成分与信号成分的差称为$SFDR$。尤其在通信领域，$SFDR$是十分重要的指标，表示通过其他噪声或谐波识别输入信号（载波信号）的能力。通常谐波成分依赖于输入信号频率，输入信号的频率越高，$SNDR$和$SFDR$越恶化。因此在表示AD转换器的性能时，人们通常施加最大输入频率（逐次比较型AD转换器中约为奈奎斯特频率）。

10.8 逐次比较型AD转换器的发展

前文中我们介绍过，逐次比较型AD转换器的电路结构简单，与微细数字工艺配合默契，有助于小面积化和低功耗化。而传统逐次比较型AD转换器的分辨率越高，比较低位的电压越小，越容易受噪声影响，所以并不适用于高分辨率用途。而且由于工作过程是从高位顺序逐次比较，采样速度也很难提高。但是如图9.4所示，现在的逐次比较型AD转换器也能应用于高速、高分辨率用途。本节将介绍对逐次比较型AD转换器的高速化、高分辨率化做出贡献的前沿技术——“时间交替技术”和“噪声整形型逐次比较技术”。

10.8.1 时间交替技术带来高速化

时间交替型AD转换器指的是多个AD转换器并列配置，通过分时处理达到高速化的技术。逐次比较型AD转换器单体的采样速度为数十～数百MHz，通过形成数十个单体的时间交替结构可以实现数GHz～数十GHz的采样速度。尤其是逐次比较型AD转换器的面积小，适合与时间交替技术配合使用。图10.27展示了时间交替型AD转换器的电路图例。输入信号为V_{IN}时，M个并列配置的逐次比较型AD转换器中数字转换后通过选择器（MUX）选择输出。各个AD转换器的采样时序（ϕ_1，ϕ_2，……，ϕ_M）如图所示，对时钟ϕ_S进行M分频，相位分别错开$M/2\pi$。由此可以使各个逐次比较型AD转换器以采样频率的M倍速度对输入信号采样。这时时钟、输入信号通道的个体差异和各个AD转换器输入电路的失配等会导致各个采样时间发生相位错位的时序偏差问题。因此人们提出在各个逐次比较型AD转换器的采样时钟通道上增设调整延时的电路，校正时序偏差。

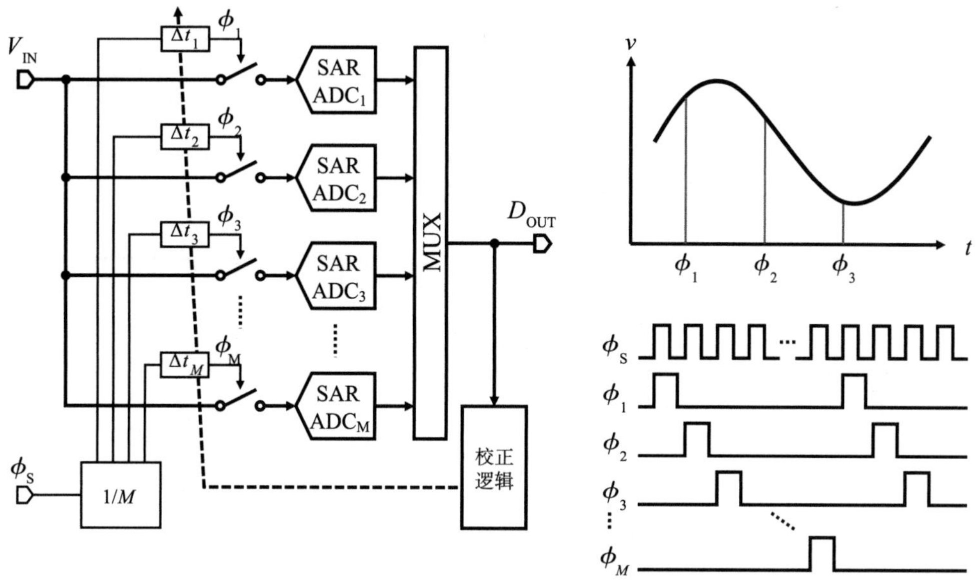

图10.27　时间交替型AD转换器

10.8.2　噪声整形型逐次比较技术带来的高分辨率化

逐次比较型AD转换器通过二分搜索进行量化，分辨率越大，最小比较电压越小。例如，输入幅度为1V时，决定低位的比较电压在10位分辨率下约为1mV，而15位分辨率下可达30μV。因此比较器和基准缓冲器电路产生的热噪声会盖过比较电压，无法实现低位的精度。可以在电路中抑制噪声，但噪声减半需要约四倍的功率。由此可知，逐次比较型AD转换器并不适合高分辨率化。然而2021年美国密歇根大学宣布了噪声整形逐次比较型AD转换器这一变革性的设想。它不仅能够靠功率抑制噪声，还可以将逐次比较型AD转换器产生的噪声（量化噪声、热噪声）转移到区域外。

这种被称为噪声整形的方式长久以来用于ΔΣ型AD转换器的方式，这次是首次应用于逐次比较型AD转换器。图10.28(a)是噪声整形型逐次比较型AD转换器的基本电路结构，在一般的逐次比较型AD转换器中增加了积分器。通过二分搜索比较至LSB后，电容DAC输出缩小至基准电压，但实际上仍有极小的残余电压。这种残余电压中包含量化误差Q和热噪声V_N。对此值积分，再反馈到下一个采样中。这一工作过程表示为信号流图，如图10.28(b)所示。

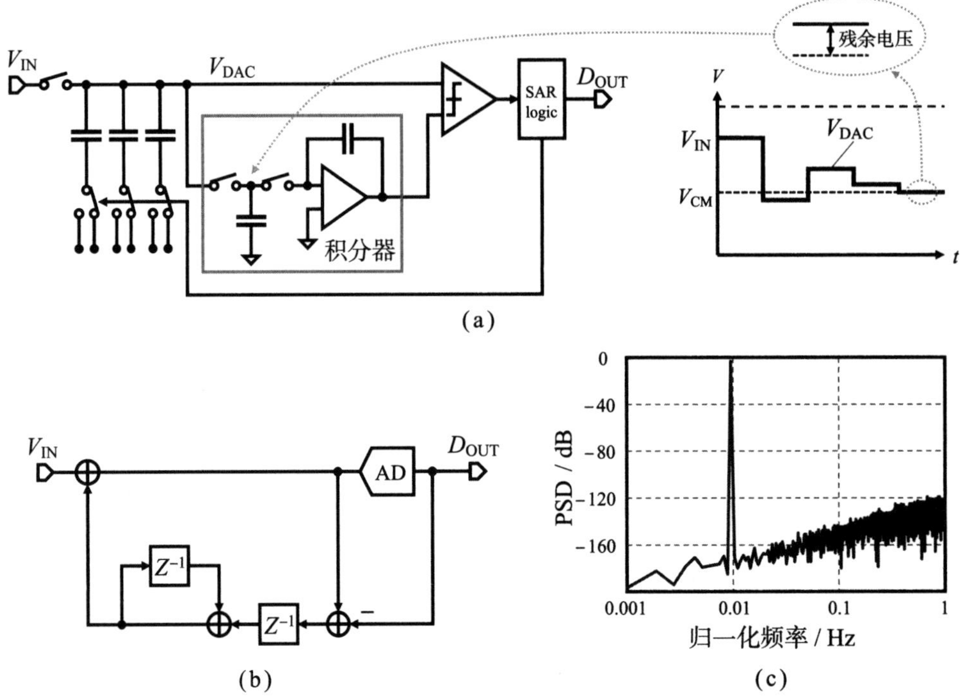

图10.28　噪声整形型逐次比较型AD转换器

$$D_{OUT} = V_{IN} + \left(1 - z^{-1}\right)\left[V_{N,CMP}(z) + Q(z)\right] \tag{10.24}$$

通过上式计算，量化误差Q上有微分（高通滤波器）。因此如图10.28(c)中的频谱所示，可以得到噪声向高频端移动的特性。过采样可以得到高SNR，我们将在下一章的ΔΣ中对噪声整形进行更加详尽的解说。这样与ΔΣ功能组合使用，就能够实现逐次比较型AD转换器的高分辨率化。

第11章 ΔΣ型AD转换器的设计方法

ΔΣ型AD转换器是一种以高于输入信号频带所需奈奎斯特频率的频率对模拟信号进行采样的过采样型AD转换器。它通过使用反馈电路调整反馈增益，能够控制混入信号频带的量化噪声。其代表性方式就是ΔΣ调制。

如今，过采样调制器以其优越的*S*/*N*特性多用于声频用AD转换器及无线通信用AD转换器。而且人们多将它作为低功耗AD转换器用于传感器。以往的过采样型AD转换器无法在较高的信号频带内使用，而随着微细工艺的进步和连续时间型的出现，信号频带已提升至20MHz。

采用ΔΣ调制的AD转换器属于反馈电路，与其他AD转换器有本质上的不同，只有了解了它的工作过程才能理解其本质。本章将从ΔΣ调制的原理到应用进行详细的讲解。

11.1 ΔΣ调制的原理

11.1.1 量化噪声的分布

ΔΣ调制的基本原理如图11.1所示。

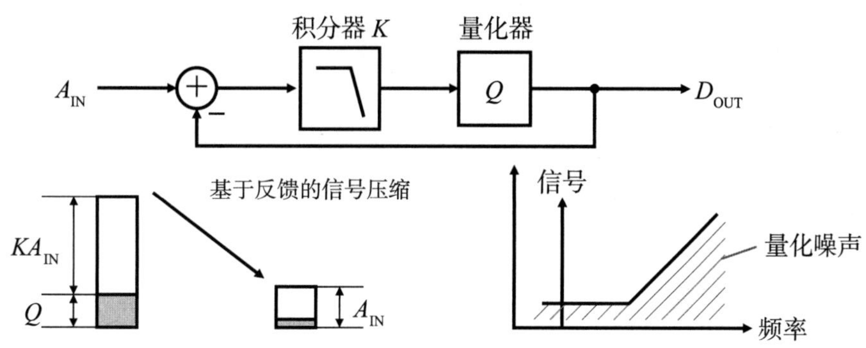

图11.1 ΔΣ调制的原理

输入信号A_{IN}通过具有增益K的积分器，与量化器的量化噪声Q相加。信号和量化噪声被一同反馈到输入中。反馈电路中差分的两个信号等效，所以反馈信号被压缩后大小为A_{IN}。也就是说，重叠在输出D_{OUT}中的量化噪声被压缩为积分器增益的$1/K$。这一点从反馈电路的性质中也可以明显看出。也就是说，反馈电路中插入的电路有多少增益，输出端就可以压缩多少叠加噪声和失真。

下面我们以积分器作为有增益的电路。积分器的低频增益非常高（理想状态下为无限大），因此低频端叠加的量化噪声被压缩，相反，增益变低的量化噪声集中在高频端（噪声整形）。如果将积分器级数提升二级或三级，就可以进一步降低低频端叠加的量化噪声。

如果插入的不是积分电路，而是图11.2中的谐振电路，则可以通过频带消除特性降低量化噪声。也就是说，通过插入反馈通道部分的放大器频率特性的逆特性可知量化噪声的分布。

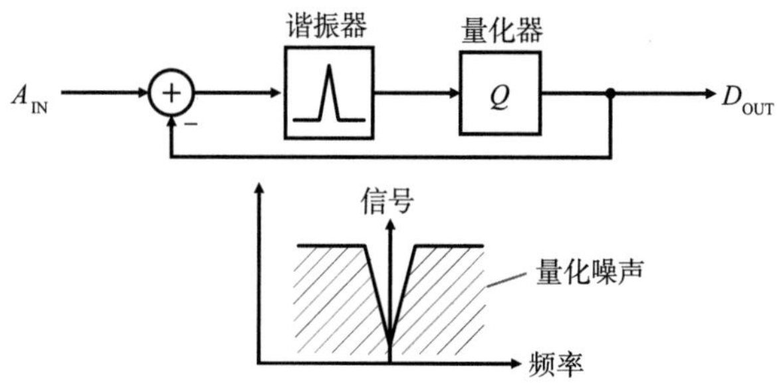

图11.2 带通型ΔΣ调制器

11.1.2　非理想因素

ΔΣ调制电路属于反馈电路。也就是说，积分器之后附加的非理想因素（失真和量化噪声等）的影响可以被压缩为积分器的增益的倒数。反馈电路的基本原理是输入到输入级差动电路中的信号均为环路增益的倒数。因此ΔΣ调制器中输入波形和DA转换器的输出波形也必须为环路增益的倒数（暂且忽略DA转换器输出中的高频量化误差）。其中十分重要的一点是，即使DA转换器有失真，此处的反馈工作的输入波形和DA输出波形也必须为环路增益的倒数。也就是说，DA转换器所具有的失真特性和逆特性导致量化器的输出编码失真，使得DA转换器线性输出，有助于输入波形和DA输出波形达到一致。

图11.3展示了上述现象的仿真结果。此仿真中DA转换器的输出特性故意失真。但是反馈效应避免了DA转换器的输出特性失真。取而代之的是，DA转换器的输入端的数字编码失真，导致数字编码中DA特性的失真叠加。

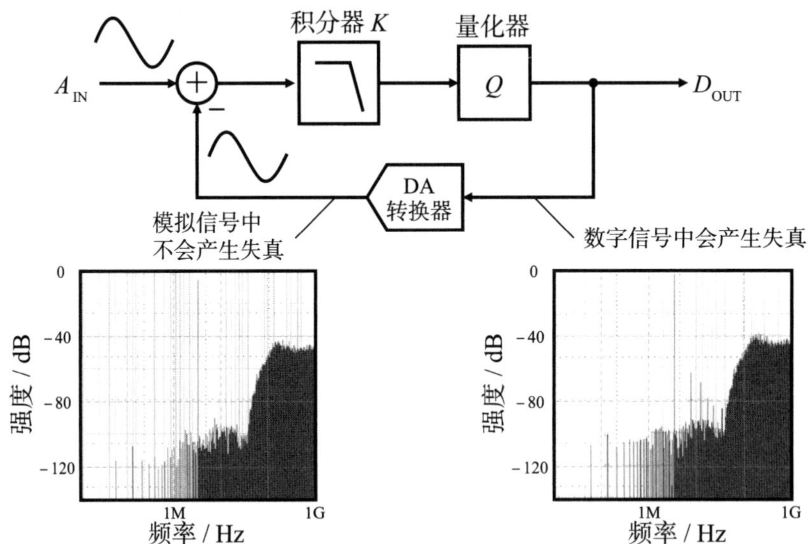

图11.3　DA转换器输出中产生失真时的仿真

其中量化器有两个值时，由于量化器输出和DA转换器输出必定线性对应，不会产生失真特性（但是数据模式对输出产生影响时可能产生失真）。问题在于量化器有三个以上多个值时，量化器输出与DA转换输出会发生非线性对应，这时量化器输出会失真（图11.4）。使用多值输出的量化器时可以减少量化噪声，但又会产生失真。因此如何处理这种失真尤为重要。

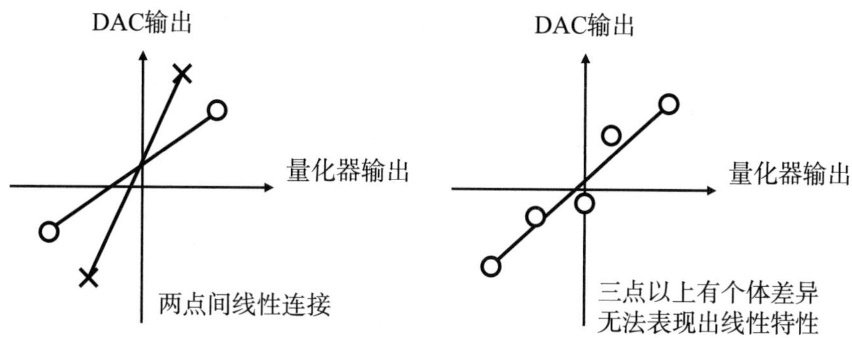

图11.4 量化器和DAC输出的关系中的失真结构

11.2 ΔΣ调制的结构

11.2.1 离散时间型开关电容积分器

采用ΔΣ调制的积分器分为使用RC积分器和开关电容积分器两种情况，前者是连续时间型，后者是离散时间型，本节介绍的是离散时间型开关电容积分器，图11.5是它的基本结构图。

首先，输入电容C_1将输入信号储存为电荷，然后将输入电容C_1中储存的电荷输送到积分电容C_2，对信号积分。输入电容储存信号时，如果时钟ϕ_1早于ϕ_2关闭，虚拟接地处的开关会关断，有助于稳定采样，这种技术称为底板采样，在开关电容积分器中必不可少。

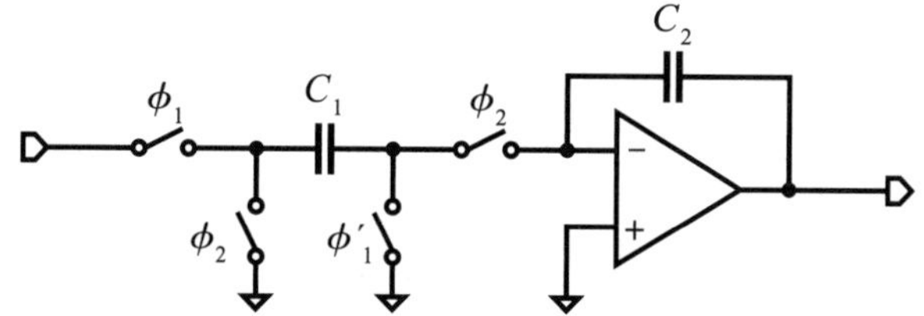

图11.5 开关电容积分器的基本电路

将开关电容积分器画成等效的模块图如图11.6所示。

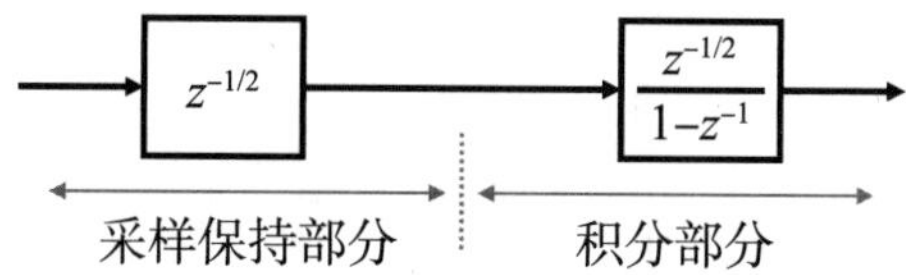

图11.6 开关电容积分器的模块图

实际的开关电容积分器在采样期间延迟半个时钟，在积分期间延迟半个时钟。用此模块图组成一级ΔΣ调制器如图11.7(a)所示。

图11.7(a)简化后如图11.7(b)所示。要注意这是最普通的简略图，在其他ΔΣ调制的说明书中也很常见，但并不严谨。

尤其是插入反馈通道的延迟模块，并不表示量化器的延迟。实际上，开关电容ΔΣ调制器中量化器不会发生延迟。

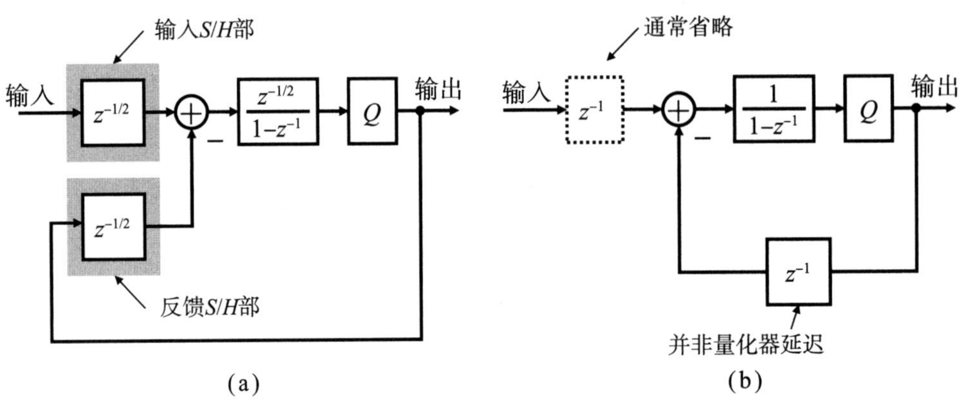

图11.7　开关电容一级ΔΣ调制器的模块图

如图11.8所示，量化器工作时间包含在开关电容积分器的后半段积分时间ϕ_2内，所以量化器的工作延迟不影响调制器的整体工作。

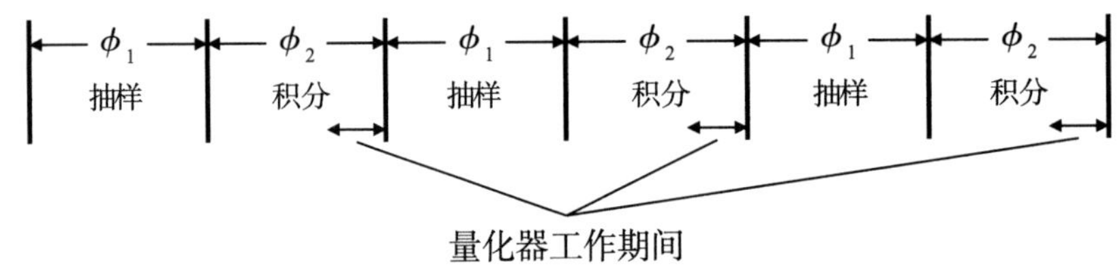

图11.8　模块图中量化器不发生延迟的原因

11.2.2　多重FB型结构

增加ΔΣ调制器的积分特性次数的方法有以下几种：多重反馈（FB）型结构、多重前馈（FF）型结构，以及MASH型结构。

图11.9展示了三级ΔΣ调制器的多重FB型结构。将一级积分器进行三层从属连接，向每层积分器的输入反馈量化器输出。

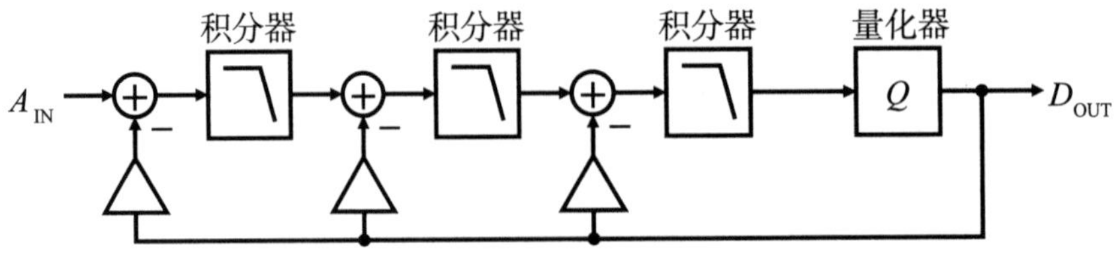

图11.9　三级ΔΣ调制器的多重FB型结构

三级ΔΣ调制器按照图11.6中的开关电容积分器的模块图改写后，结构如图11.10所示。用模块图表示时需要注意开关电容积分器的工作时钟的偶数级和奇数级错开半个时钟。考虑到这一点，需要在偶数级的FB延迟中增加假设的半个时钟的超前相位，积分器从属连接时在S/H级的延迟前级也要增加半个时钟的超前相位。

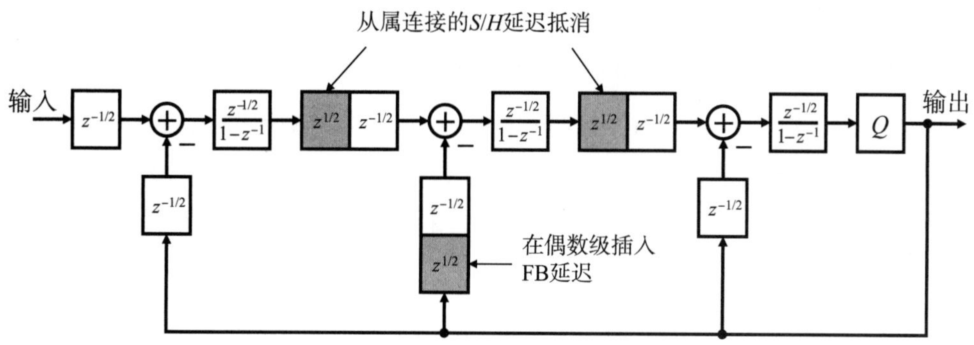

图11.10　三级ΔΣ调制器的多重FB型结构模块图

因此，模块图最后简化为图11.11。

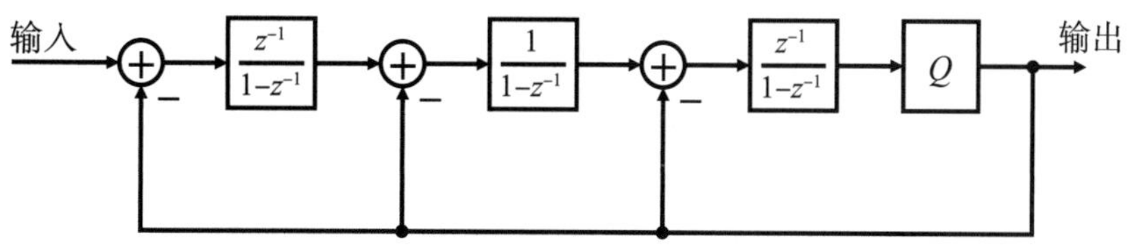

图11.11　简化后的三级ΔΣ调制器多重FB型结构模块图

11.2.3　多重FF型结构

多重FB型结构中，反馈时的级数等于将数字信号转换成模拟信号的DA转换器的数量。在量化器结构位较多的情况下，有时会增加电路面积和驱动，为电路增加负担。因此可以将多重FB型结构进行等效转换，实现具有相同量化噪声传递特性的多重FF型结构。

如图11.12所示，附带反馈系数的三级ΔΣ调制器转换为图11.13中的FF型时，只需将系数d和e设定为$d = c/a$，$e = b/a$。

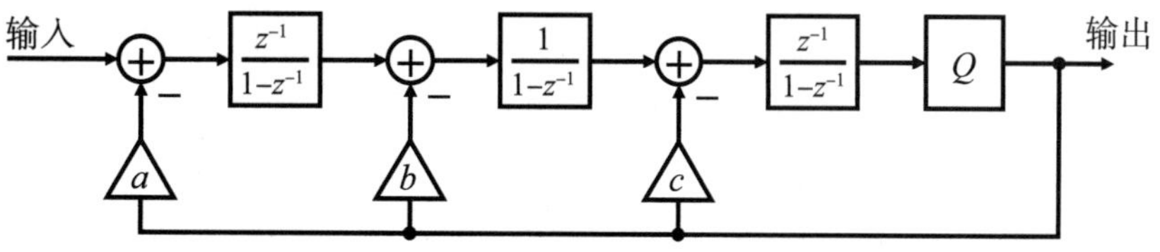

图11.12　附带反馈系数的三级ΔΣ调制器

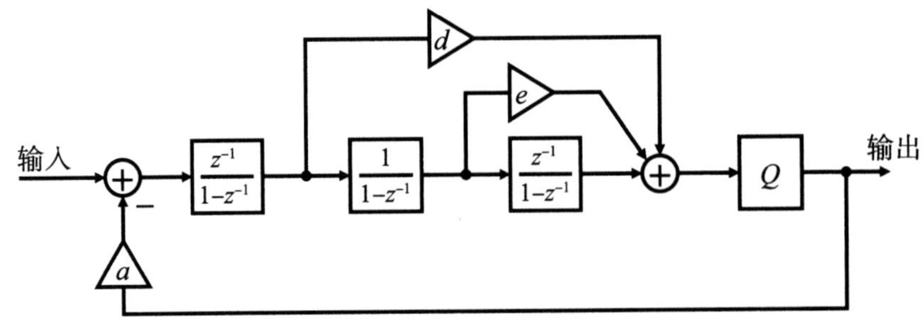

图11.13　FF型ΔΣ调制器

通过改变系数，在输出中出现量化噪声时，可以使传递函数在FB型和FF型中完全一致。但是要注意，图11.12和图11.13中输入信号到输出的传递函数不同。也就是说，FB型ΔΣ调制器的输入输出传递函数（V_{OUT}/V_{IN}）和量化噪声传递函数（V_{OUT}/Q）如下：

$$\frac{V_{OUT}}{V_{IN}}=\frac{z^{-2}}{(c-1)z^{-3}+(a-2c+3-b)z^{-2}+(-3+b+c)z^{-1}+1} \tag{11.1}$$

$$\frac{V_{OUT}}{Q}=\frac{\left(1-z^{-1}\right)^{3}}{(c-1)z^{-3}+(a-2c+3-b)z^{-2}+(-3+b+c)z^{-1}+1} \tag{11.2}$$

下式表示FF型ΔΣ调制器的输入输出传递函数和量化噪声传递函数：

$$\frac{V_{OUT}}{V_{IN}}=\frac{cz^{-3}+(a-b-2c)z^{-2}+(b+c)z^{-1}}{(c-1)z^{-3}+(a-2c+3-b)z^{-2}+(-3+b+c)z^{-1}+1} \tag{11.3}$$

$$\frac{V_{OUT}}{Q}=\frac{\left(1-z^{-1}\right)^{3}}{(c-1)z^{-3}+(a-2c+3-b)z^{-2}+(-3+b+c)z^{-1}+1} \tag{11.4}$$

通常情况下，FF型的最终级需要加法器，FB型需要多个反馈用DA转换器。

11.2.4　低失真FF型结构

FF型ΔΣ调制器有一种特殊结构，即在量化器之前将输入信号加到积分器输出中。

如图11.14所示，输入信号直接在量化器前加在积分信号中。这种结构中，输入信号被输入量化器，与量化噪声一起反馈，然后在输入级与输入信号一同被减掉。所以在第一级积分器输入中，输入信号被消除，输入积分器的只有量化噪声。也就是说，积分通道中只通过量化噪声。其中$a=1$时，输出信号的传递函数用下式表示：

$$V_{OUT}=V_{IN}+Q\frac{\left(1-z^{-1}\right)^{3}}{\left(c-1\right)z^{-3}+\left(a-2c+3-b\right)z^{-2}+\left(-3+b+c\right)z^{-1}+1} \tag{11.5}$$

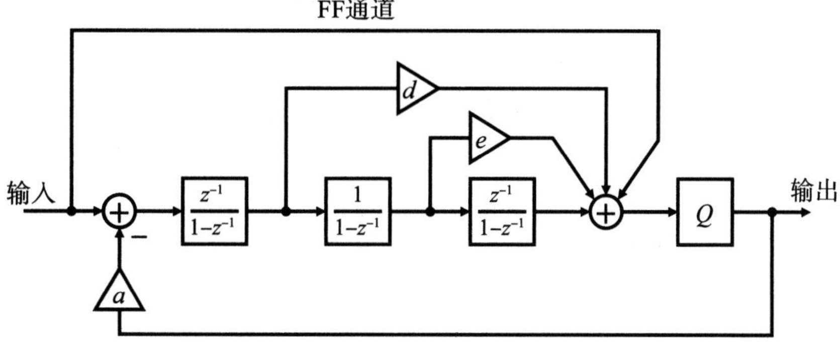

图11.14 低失真FF型ΔΣ调制器

可以通过增加量化器的位来降低产生的量化噪声。这种电路结构中积分通道中仅通过量化噪声，所以只要量化噪声足够低，就可以大大缓和通道所需要的积分器规格，因此可以说此结构有助于低功耗化。

11.2.5 MASH结构

MASH是multi-stage noise shaping的缩写。常见的ΔΣ型过采样AD转换器中如果多重FF结构和FB结构的整形级数超过三级，容易引起谐振。MASH型通过从属连接一级或二级ΔΣ调制器可以实现更高级的整形特性。

图11.15展示了二级MASH电路结构。第一级调制器的量化噪声被输入第二级调制器。设第一级和第二级的调制器输出分别为V_{OUT1}和V_{OUT2}，则可以表示如下：

$$V_{OUT1}=V_{IN}z^{-1}+\left(1-z^{-1}\right)Q_{1} \tag{11.6}$$

$$V_{OUT2}=Q_{1}z^{-1}+\left(1-z^{-1}\right)Q_{2} \tag{11.7}$$

比较V_{OUT1}和V_{OUT2}可知，想要消除第一级的量化噪声Q_1需要微分V_{OUT2}，也就是V_{OUT2}乘以$(1-Z^{-1})$，并从V_{OUT1}的一个时钟延迟中减掉。因此V_{OUT}的结果计算如下：

$$\begin{aligned}V_{OUT}&=V_{O1}z^{-1}-V_{O2}\left(1-z^{-1}\right)\\&=V_{IN}z^{-2}+z^{-1}\left(1-z^{-1}\right)Q_{1}-z^{-1}\left(1-z^{-1}\right)Q_{1}-\left(1-z^{-1}\right)^{2}Q_{2}\\&=V_{IN}z^{-2}-\left(1-z^{-1}\right)^{2}Q_{2}\end{aligned} \tag{11.8}$$

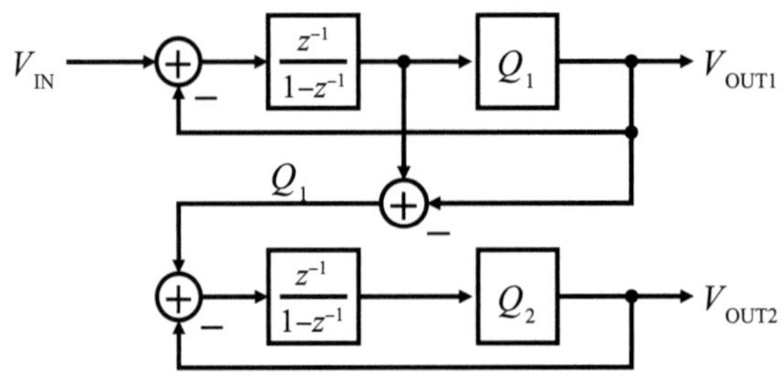

图11.15 二级MASH方式的电路结构

也就是说，最终输出中只包含量化噪声Q_2的二级调制成分。此MASH结构的问题在于一级积分器和二级积分器的相对精度。两个积分器的相对精度如果有偏差，会导致量化噪声Q_1的残留成分漏入最终输出。设一级和二级积分器的增益误差分别为$(1-a)$和$(1-b)$，输出信号的传递函数如图11.16所示。

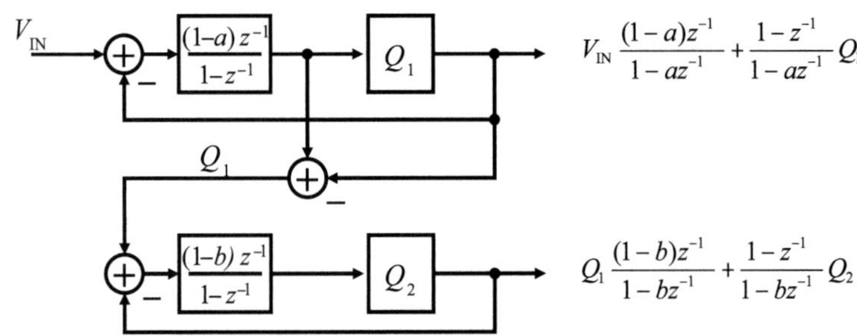

图11.16 二级MASH方式中积分器误差的影响

因此想要抵消量化误差Q_1，需要特性如图11.17的传递函数。

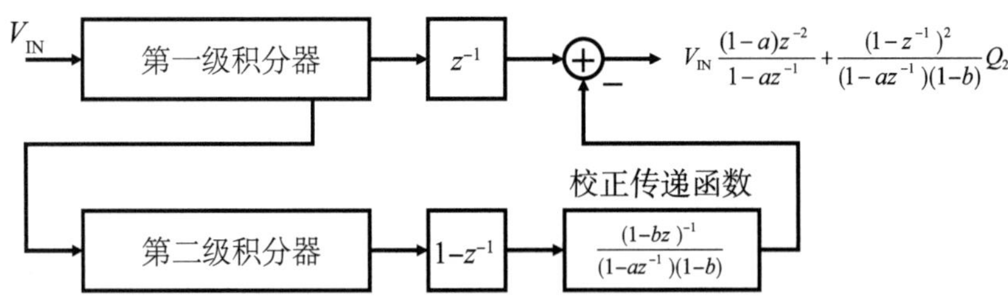

图11.17 用于校正积分器误差的传递函数

11.3 离散型和连续时间型

11.3.1 ΔΣ调制器的稳定性

过采样ΔΣ调制器中，调制级数在三级以上的离散型调制器有可能引发谐振，调制级数在二级以上的连续时间型有可能引发谐振。图11.18是用于ΔΣ调制器的稳定性分析的模块图。

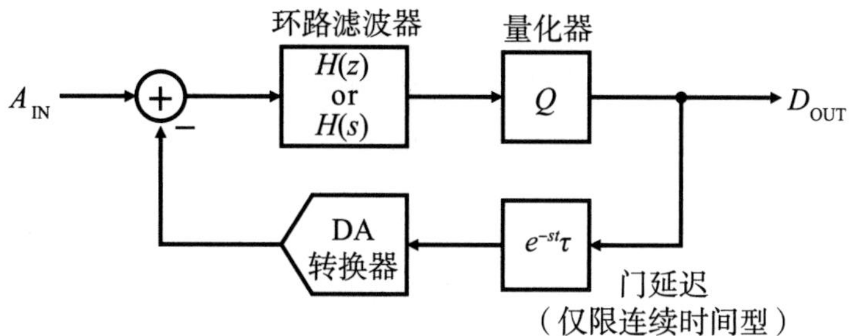

图11.18 用于ΔΣ调制器的稳定性分析的模块图

11.3.2 传递函数设计

ΔΣ调制器的传递函数设计需要将信号的传递函数和量化噪声的传递函数设定为期望值。信号的传递函数用*STF*表示，噪声的传递函数用*NTF*表示。

图11.19展示了传递函数的设计方法。其中设$STF = S_n(z)/S_d(z)$，$NTF = N_n(z)/N_d(z)$。关键在于图中要使$S_d(z) = N_d(z)$。在此条件下，图11.19中的模块图成立。此图为多重FB型结构，多重FB型中可以自由设计*NTF*和$S_n(z)$。

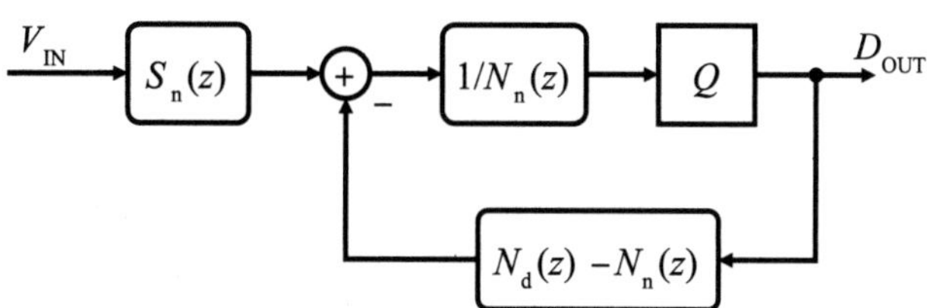

图11.19 用于ΔΣ调制器的传递函数设计的模块图

图11.20的多重FF型中，可以自由设计*NTF*的传递函数，但*STF*如下式所示：

$$STF = S_n(z)\left[1 - \frac{N_n(z)}{N_d(z)}\right] \tag{11.9}$$

这时*STF*是*NTF*的逆特性与$S_n(z)$的乘积。

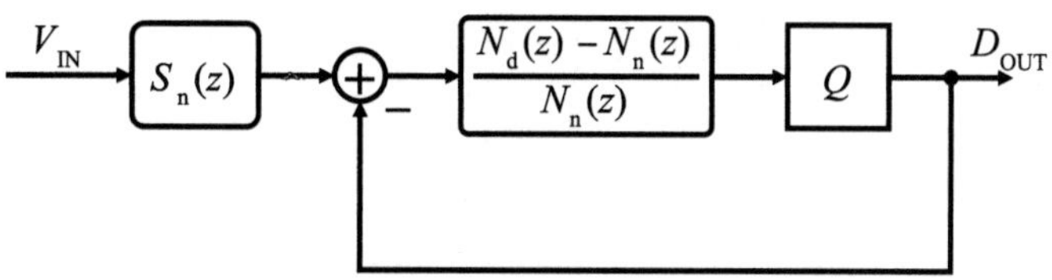

图11.20 多重FF型ΔΣ的传递函数设计

具体的传递函数设计中首先需要通过所需的*SNR*决定过采样比和积分级数。通常要选择能够达到要求*SNR*又尽可能低功耗、小面积电路结构。增加级数就可以降低量化噪声并实现高*SNR*，但实际情况下增加级数有谐振问题，会牺牲输入动态范围。因此无法获得目标量化噪声降低效果，尤其在过采样比较低时。因此在过采样比较低时，要使积分滤波器具备谐振特性，从而提高量化噪声的降低效果。此时设计基准可以参考R.Schreier等总结经验得到的*SNR*限值[37]。

图11.21展示了积分通道不采用谐振器时，一位的ΔΣ型AD转换器的*SNR*限值。可见过采样比至少要达到64倍，才能实现实用性*SNR*。如果想通过64倍以下的过采样比实现ΔΣ型AD转换器，就要在积分通道中插入谐振器，为量化噪声的传递函数制造零点来改善*SNR*。而且要根据需要将量化器多位化，从而减少量化噪声。

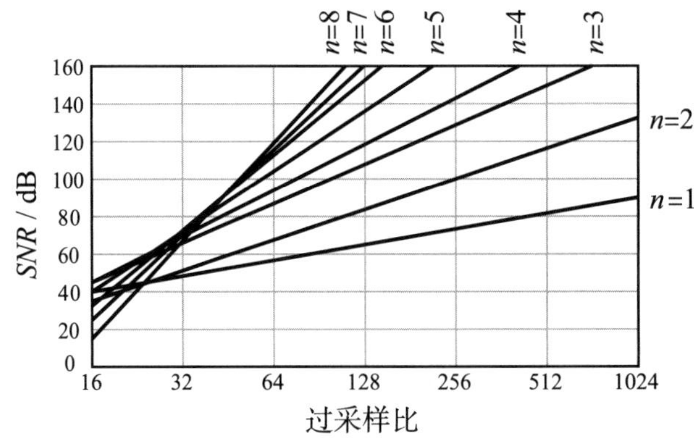

图11.21　积分通道中不采用谐振器时，一位的ΔΣ型AD转换器的*SNR*限值

实现谐振器特性需要二级传递函数。因此具备$2n+1$级和$2n$级的传递函数的积分通道最多可以插入n个谐振器。但是将初级积分器替换为谐振器会增加谐振器噪声，所以这种做法并不适宜。因此使用谐振器时要将积分级数设为奇数级，初级用普通积分器构成，后续级采用谐振器。例如具有五级传递函数的ΔΣ型AD转换器的积分通道可以由初级积分器和两个谐振器从属连接组成，如图11.22所示。

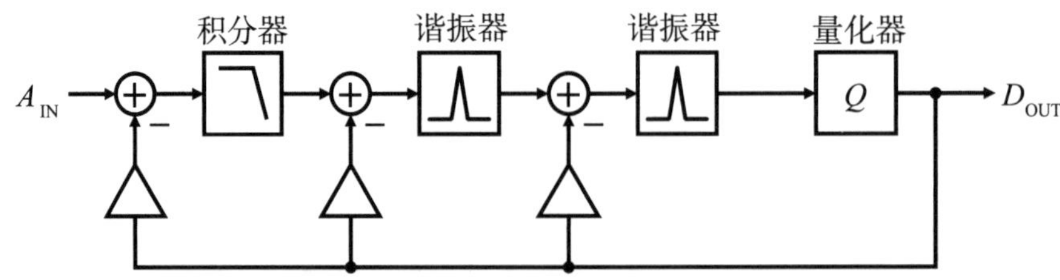

图11.22　具备两个谐振器的五级ΔΣ型AD转换器

由谐振器打造的量化噪声传递函数的零点得到最佳配置时，*SNR*得到最大化，此时的*SNR*如图11.23所示。

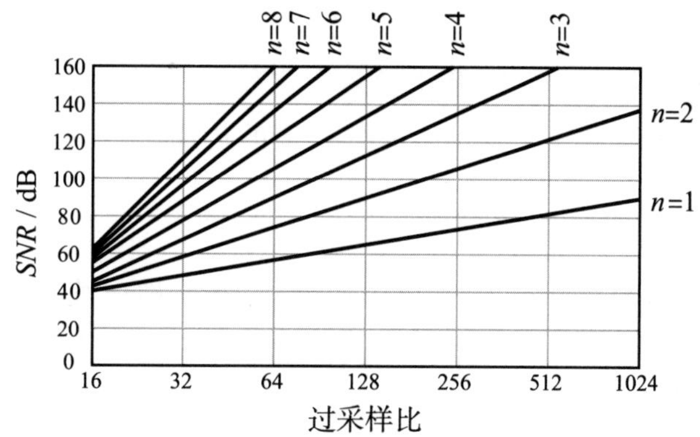

图11.23　配置最佳零点时一位的ΔΣ型AD转换器的最大*SNR*

可见过采样比小于64时*SNR*得到了很大改善。图11.24总结了*n*级传递函数的最佳零点配置。

级数	零点配置	*SNR*改善程度
2	±0.57735	3.5
3	0，±0.7746	8
4	±0.11559，±0.74156	13
5	0，±0.28995，±0.82116	18
6	±0.23862，±0.66121，±0.93247	23
7	0，±0.40585，±0.74153，±0.94911	28
8	±0.18343，±0.52553，±0.79667，±0.96029	34

图11.24　*n*级传递函数的最佳零点配置

而实际的传递函数设计中，除了用最佳配置的零点合成传递函数外，还有一种采用逆切比雪夫滤波器传递函数的方法。如图11.25所示，逆切比雪夫滤波器是一种在元件领域内将衰减率降至固定衰减率以下的滤波器合成方法。

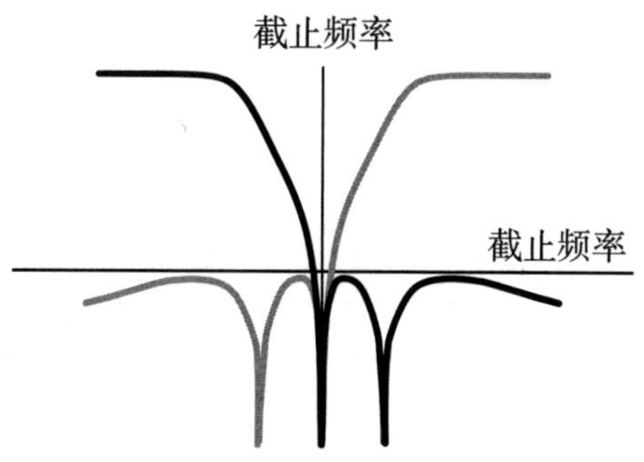

图11.25　逆切比雪夫滤波器频率特性

如果在ΔΣ型AD转换器的量化噪声传递特性中使用旁路逆切比雪夫滤波器，就可以在任意衰减率下设计带内量化噪声。也就是说，只要根据*SNR*要求设定逆切比雪夫滤波器衰减率，就可以导出积分通道的传递函数。

11.3.3　连续时间型ΔΣ调制器

连续时间型ΔΣ调制器的积分通道由*RC*积分器这种连续时间型电路构成，而非开关电容电路这种离散时间型滤波器。连续时间型的积分器为连续型，不需要像开关电容电路那样在宽带中使用建立时间短的运算放大器，因此有望实现低功耗化。但相反，离散时间型滤波器又会受非理想因素的影响。连续时间型最大的问题是额外环路延迟和时钟抖动的影响。额外环路延迟指的是比较器到DA转换器的延迟时间影响传递特性，使得系统发生振荡。如图11.8所示，离散时间型隐藏在时钟的采样期间内。

时钟抖动的影响指的是开关电容电路基本上只参考电压方向的数值，而电压值由电荷量 = 电压 × 电容值决定，所以连续时间型积分器虽然不受时钟抖动的影响，但是由于DA转换器输出电流 × 时间的电流脉冲，会受时间方向的抖动成分的影响，导致*SNR*劣化。

然而，ΔΣ型AD转换器为反馈电路，抖动成分中受影响的成分是相位噪声的带内成分。因此通过锁相环等尽可能减少驱动时钟的相位噪声带内成分，可以在一定程度上消除其影响。

额外环路延迟需要想办法从积分通道结构上减轻其影响。如图11.26所示，噪声传递函数的分母$N_{\mathrm{d}}(z^{-1})$乘以系数α，使反馈通道的传递函数不含有零阶的项，从传递函数中分离出一个时钟的延迟。分离出的积分通道$N_{\mathrm{dn}}(z^{-1})$可以继续变形为下式：

$$
\begin{aligned}
\frac{N_{\mathrm{dn}}\left(z^{-1}\right)}{N_{\mathrm{n}}\left(z\right)} &= N'_{\mathrm{dn}}\left(z\right)\frac{z}{N_{\mathrm{n}}\left(z\right)} \\
\frac{N'_{\mathrm{dn}}\left(z\right)}{N_{\mathrm{n}}\left(z\right)} &= \beta + \frac{N''_{\mathrm{dn}}\left(z\right)}{N_{\mathrm{n}}\left(z\right)}
\end{aligned}
\qquad (11.10)
$$

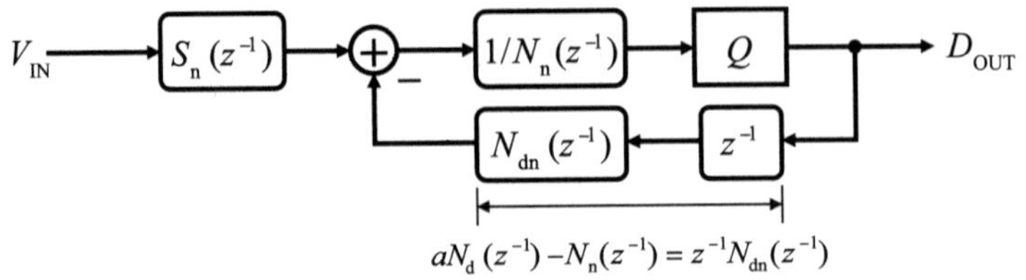

图11.26　额外环路延迟对应的传递函数操作

因此，连续时间型ΔΣ调制器电路补偿了额外环路延迟，结构如图11.27所示。

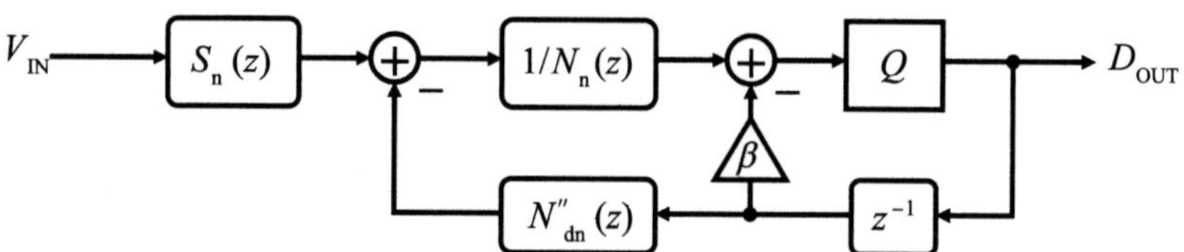

图11.27 补偿额外环路延迟的连续时间型ΔΣ调制器

也就是说，设置向量化器输入反馈的零阶环路通道可以补偿额外环路延迟。

实际用z变量求出积分通道的传递函数后，要再将z变量替换为s变量，但是很难直接用逆拉普拉斯将z变量变换为s变量并合成。

以往的变换方法是通过z变量的积分器结构实现积分通道结构，将z变量的积分器替换为s变量的积分器，从而将z变量变换为s变量。例如7级积分通道中，如图11.28所示，求出系数$k_1 \sim k_7$和$f_1 \sim f_3$作为开环传递函数；然后如图11.29所示，将z变量表示改为s变量表示，得到z变量转换为s变量的传递函数；最后将各个积分模块替换为时间常数相同的积分电路，将传递函数替换为实际的模拟电路的过程就结束了。

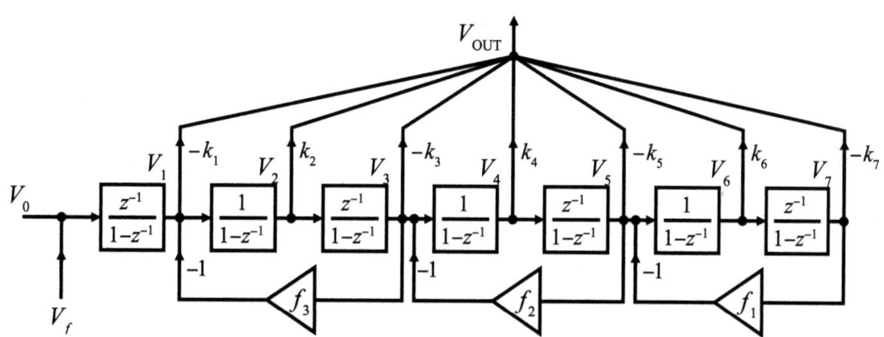

图11.28 用z变量表示的积分通道模块图

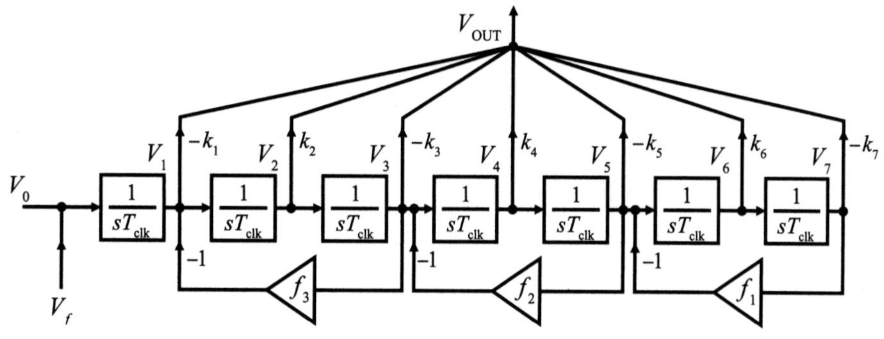

图11.29 用s变量表示的积分通道模块图

但是以往的方法中，用替换s变量后的传递函数设计出的ΔΣ调制器很难看出是否稳定。因此人们开发出了新的能够看出s区域内传递函数稳定性的设计方法。下面我们对这种设计方法作以概述。

为了看出ΔΣ调制器的稳定性，需要用z变量表示传递函数，判断极点是否在单位圆中。因此必须通过s–z变换，用z变量替换s变量表示的传递函数。问题在于采用什么样的s–z变换。

图11.30展示了采用零阶保持器s–z变换的连续时间型调制器的设计流程。下面我们来介绍什么是零阶保持器s–z变换。

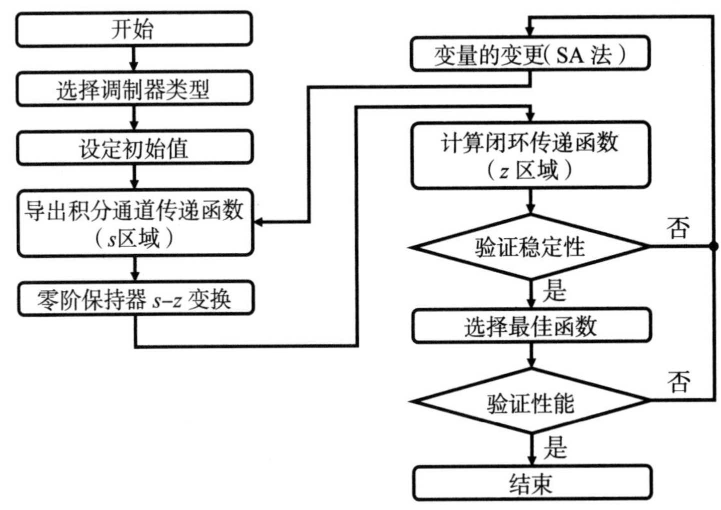

图11.30　采用最优化（SA）方法的连续时间型调制器的设计流程

图11.31展示了零阶保持器s–z变换的特征。换句话说，零阶保持器s–z变换就是s平面的传递函数的阶跃响应与z平面的阶跃响应一致的变换。只要采用连续时间型调制器的DA转换器输出NRZ信号，就可以看作阶跃响应。因此只要被DA转换器输出驱动的积分通道的阶跃响应在s平面和z平面上一致，就可以认为连续时间型调制器的稳定性在z平面和s平面上的特性都得以保存。也就是说，设计采用输出NRZ信号的DA转换器的连续时间型调制器时，积分通道的传递函数通过零阶保持器s–z变换来转换为z区域，再判断闭环传递函数的稳定性，就可以准确判断调制器实际的稳定性。所以新设计流程会为积分通道选择适宜的传递函数，进行s–z变换后导出闭环传递函数，判断稳定性。如果系统稳定，变量会反复进行最佳选择，直至满足性能需求。我们采用模拟退火（SA）法作为最优化方法。

在模拟退火算法中追加最速下降法可以更新以一定比例恶化的变量，避免了局部最优化，能够实现整体最优。

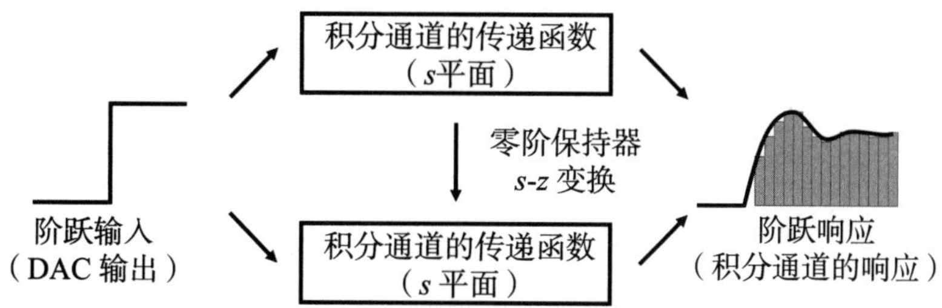

图11.31　零阶保持器s-z变换的特征

图11.32是使用此方法设计的三级连续时间型调制器的电路结构示例。此调制器的积分通道使用的滤波器是不完整的三级积分器，能够实现的传递函数受限。当然无法组成古典滤波器理论中的滤波器。因此需要在积分器可实现的范围内，不牺牲稳定性，尽可能将调制器的性能最大化。

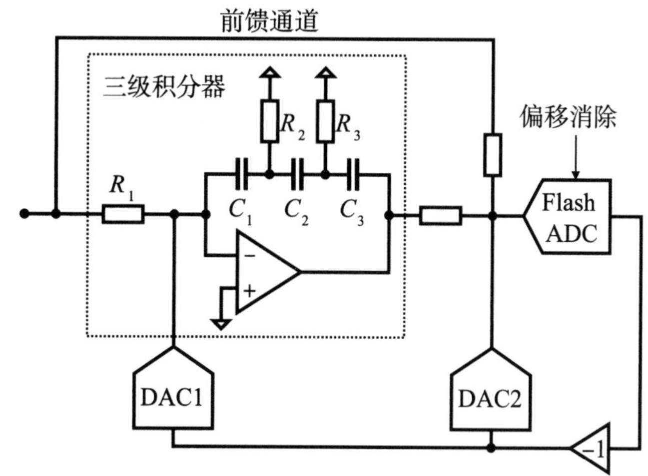

图11.32　用于最优化的三级连续时间型调制器

图11.33比较了最优化前后的AD转换器的输出频谱。从图中可知，最优化后基底噪声大幅下降，而且量化噪声以高效率被扩散到带外。

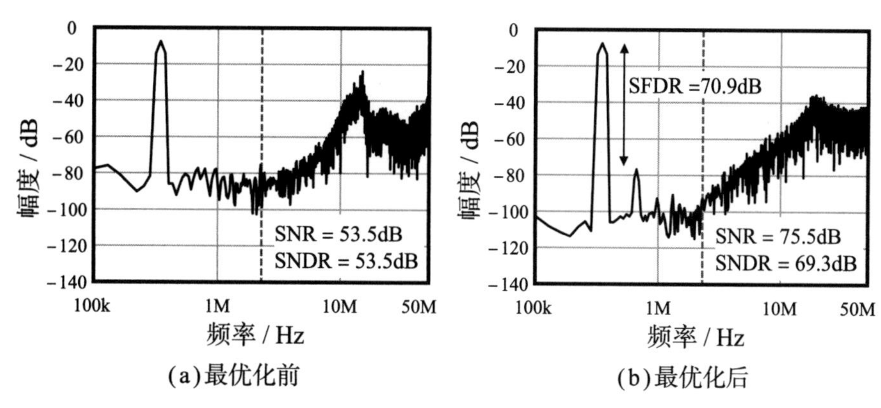

图11.33　新设计流程的最优化设计示例

参考文献

[1] B. Razavi. Design of Analog CMOS Integrated Circuits. McGraw-Hill Companies, 2003.
[2] T. H. Lee. The Design of CMOS Radio-Frequency Integrated Circuits. Cambridge University Press, 2003.
[3] B. Razavi. RF Microelectronics. Pearson Education, 2011.
[4] 石川 亮. 基礎から学ぶマイクロ波電力増幅器設計. MWE 2016 FR1B-1.
[5] 川上 謹之介, 秋間 浩. 無線受信機および受信系の雑音指数. 情報通信研究機構研究報告, 1955, 1(5): 384-391.
[6] 関 英男. 雑音の成因とその取り扱い. 電氣學會雜誌, 1955, 75(806): 1408-1416.
[7] 本城 和彦. 電力増幅器設計の基礎. 2004 Microwave Workshops and Exhibition.
[8] トランジスタ技術Special No.47 特集, 高周波システム＆回路設計.
[9] 末松 憲治, 原田 博司. マルチバンド・マルチモード送受信機用 Si-RFIC 技術. 電子情報通信学会論文誌, 2008/11, Vol. J91–B No. 11: 1339-1350.
[10] 田中 聡. 半導体集積化受信機の基礎. MWE 2007.
[11] 市川 古都美, 市川 裕一. 高周波回路設計のためのSパラメータ詳解. CQ 出版社.
[12] 大井 克己. スミス・チャート実践活用ガイド. CQ 出版社.
[13] 道正 志郎. システムLSI における位相同期回路の高性能化に関する研究. 学位論文甲第6253 号, 東京工業大学,2005.
[14] D. H. Wolaver, Phase-Locked Loop Circuit Design, Prentice Hall, ISBN 0-13-662743-9, 1991.
[15] C. A. Sharpe. A 3-state phase detector can improve your next PLL design. EDN Magazine, 224-228, Sept. 1976.
[16] F. M. GARDNER. Charge-Pump Phase-Lock Loops. IEEE Trans. Comm., vol. COM-28, 1849-1858, Nov. 1980.
[17] 小沢 利行. PLL 周波数シンセサイザ・回路設計法. 総合電子出版社, 1994, 135-136.
[18] H. R. Rategh, and T. H. Lee, Multi-GHz Frequency Synthesis & Division, Kluwer Academic Publishers, 23-37.
[19] 稲葉 保, 定本 発振回路の設計と応用, CQ 出版社, 1993.
[20] I. A. Young, J. K. Greason, and K. L. Wong. A PLL Clock Generator with 5 to 110 MHz of Lock Range for Microprocessors. IEEE J. Solid-State Circuits, vol. SC-27, 1599-1607, Nov. 1992.
[21] H. Cong, J. M. Andrews, D. M. Boulin, S. Fang, S. J. Hillenius, and J. A. Michejda. Multigigahertz CMOS dual-modulus prescaler IC. IEEE J. Solid-State Circuits, vol. 23, 1189-1194, Oct. 1988.
[22] T. A. D. Riley, M. A. Copeland, and T. A. Kwasniewski. Delta-sigma modulation in fractional- N frequency synthesis. IEEE J. Solid-State Circuits, vol. 28, 553-559, May 1993.
[23] J. B. Encinas, Phase Locked Loops (Microwave Technology, No 6), Chapman & Hall, ISBN: 0412482606.
[24] 後藤 健二. 発振器のジッタと位相ノイズに関する考察. 第十回精密周波数発生回路の安定化技術調査専門委員会資料, 2000, 1-5.
[25] D. O. North. An analysis of the factors which determine signal noise discrimination in pulsed carrier systems. Proc. IEEE, vol.51, no.7, pp.1016-1017, Jul. 1963.
[26] R. H. Walden. Analog-to-Digital Converter Survey and Analysis. IEEE J. Selected Areas in Communications, vol. 17, no. 4, Apr. 1999.
[27] R. Schreier, et al.. A 375-mW Quadrature Bandpass ΔΣ ADC With 8.5-MHz BW and 90-dB DR at 44 MHz. IEEE J. Solid-State Circuits, vol. 41, no. 12, Dec. 2006.
[28] 三木 拓司. センサーシステムを指向したAD 変換器の性能向上に関する研究. 学位論文甲第6937 号, 神戸大学, 2017.
[29] B. Murmann, "ADC Performance Survey 1997-2020," [Online]. Available: http://web.stanford.edu/~murmann/adcsurvey.html
[30] J. McCreary, and P. R. Gray. All-MOS charge redistribution analog-to-digital conversion techniques-Part I. IEEE J. Solid-State Circuits, vol. SC-10, no. 6, 371-379, Dec. 1975.
[31] M. van Elzakker, E. van Tuijl, P. Geraedts, D. Schinkel, E. A. M. Klumperink, and B. Nauta. A 10-bit Charge Redistribution ADC Consuming 1.9 μ W at 1 MS/s. IEEE J. Solid State Circuits, vol. 45, no. 5, pp.1007-1015, May. 2010.

[32] P. Nuzzo, F. D. Bernardinis, P. Terreni, G. Van der Plas. Noise Analysis of Regenerative Comparators for Reconfigurable ADC Architectures. IEEE Transacions on Circuits and Systems-I, vol. 55, no. 6, 1441-1454, Jul. 2008.

[33] T. Miki, T. Morie, K. Matsukawa, Y. Bando, T. Okumoto, K. Obata, S. Sakiyama, S. Dosho. A 4.2 mW 50 MS/s 13-bit CMOS SAR ADC with SNR and SFDR Enhancement Techniques. IEEE J. Solid-State Circuits, vol. 30, no. 6, 1372-1381, Jun. 2015.

[34] B. P. Ginsburg and A. P. Chandrakasan. 500-MS/s 5-bit ADC in 65-nm CMOS with split capacitor array DAC. IEEE J. Solid-State Circuits, vol. 42, no. 4, 739–747, Apr. 2007.

[35] A. M. Abo and P. R. Gray, "A 1.5V, 10-bit, 14.3-MS/s CMOS Pipeline Analog-to-Digital Converter," IEEE J. Solid-State Circuits, vol. 34, no. 5, May 1999.

[36] C.-C. Liu et al.. A 10b 100MS/s 1.13mW SAR ADC with binary-scaled error compensation. in IEEE International Solid-State Circuits Conference (ISSCC) Dig. Tech. Papers, Feb. 2010, 386–387.

[37] R. Schreier, G. C. Temes. Understanding Delta-Sigma Data Converters. IEEE PRESS, 2005.

[38] W. C. Black and D. A. Hodges. Time-interleaved converter arrays. IEEE J. Solid-State Circuits, vol. 15, no. 12, 1022-1029, Dec. 1980.

[39] T. Miki, T. Ozeki, J. Naka. A 2-GS/s 8-bit Time-Interleaved SAR ADC for Millimeter-Wave Pulsed Radar Baseband SoC. IEEE J. Solid-State Circuits, vol. 52, no. 10, 2712-2720, Oct. 2017.

[40] J. Fredenburg, M. Flynn. A 90-MS/s 11-MHz-Bandwidth 62-dB SNDR Noise-Shaping SAR ADC. IEEE J. Solid-State Circuits, vol. 47, no. 12, 2898-2904, Dec. 2012.

[41] K. Matsukawa, K. Obata, Y. Mitani, S. Dosho. A 10 MHz BW 50 fJ/conv. continuous time $\Delta\Sigma$ modulator with high-order single opamp integrator using optimization-based design method. in IEEE Symposium on VLSI Circuits, 160-161, Jun. 2012.